世代重複モデルによる環境問題の経済分析

檀原 浩志

三菱経済研究所

はじめに

　本書の主たる目的は，経済成長と環境との関わりについて議論することである．その中でも特に，世代重複 (Overlapping Generations, OLG) 経済に環境を導入し，モデルを構築，修正し，これを用いて分析を行っていく．

　経済，あるいは経済成長と環境とを関連させた研究はかなり以前から行われており，様々な方面からのアプローチがなされている．従来の環境経済学の文脈では，環境から発生する外部不経済をどのように内部化するか，というのがひとつのポイントであった．たとえば，コースの定理に従えば，所有権が定められるなど一定の条件が整えば，当事者同士の交渉等により当該問題は解決可能である．また，ピグー税，あるいはピグー補助金によって，私的費用と社会的費用とを一致させるといった手法も知られている．

　では，本書で検討するのはどのような問題かというと，動学的な問題である．通常の環境問題においては，問題の原因となる汚染を排出する経済主体（たとえば企業）と，それによる被害を受ける主体（たとえば近隣住民），さらには環境問題（たとえば工場の排水や大気汚染）それ自体が同時点に存在していることを想定している．同時点に存在しているからこそ，排出削減などの政策を行ったり，汚染を排出する主体から被害を受ける主体へ補償を行うことが可能だった．

　しかしながら，ここでは，汚染排出とそれによる被害の発生が時間的にずれている状況を想定する．このような問題を考える場合，必ずしも従来からの方法が問題解決の手段足り得るという保証はない．典型的な例としては，地球温暖化問題や放射能の問題などがこれにあた

る．気候変動に関する政府間パネル (Intergovernmental Panel for Climate Change, IPCC) による報告書などにおいても，今後数十年から百年，二百年といったスパンでの気温変動や，気候についての予測を発表している．それら百年後，二百年後に起き得る問題の原因は今現在のわれわれの経済活動にある．このような状況において，金銭的な補償は百年後に存在する経済主体と現在のわれわれの間での問題解決の有効な手段とは言えないだろう．

このように，ある環境問題が顕在化した時点において，その原因を作った汚染排出者がもうすでに経済に存在していない状況では，汚染排出者と被害者間による交渉を通じての問題解決は事実上不可能である．このような問題を考えるためには，あるひとつの時点のみに注目するだけでは不十分で，動学的に問題をとらえる必要がある．そこで本稿においては，世代重複モデルを分析道具とし，この問題について考えていく．

本書の構成は以下の通りである．まず，第 1 章で分析道具である世代重複モデルについて，簡単な説明をする．ここでは，通常経済学の教科書に記載されているような，環境といった余計な要素を含まない，できるだけシンプルなモデルを用いて説明する．続けて，本書と近いコンセプトの研究について，サーベイをする．すなわち，世代重複モデルに何らかの形で環境が組み込まれているタイプの文献について，そのモデルを簡単に紹介する．第 2 章が本研究のメインである．ここでは環境水準が消費者に悪影響を及ぼす状況を考え，消費者はそれに対処するため老年期に一定の回避費用を支払う必要がある，というモデルを考え，分析する．まず，本書の分析のベースとなる Gutiérrez (2008) について紹介する．そして，この論文をどのように修正，拡張したのかを記す．その上で，最適配分を定義し，それを競争均衡として実現するための手段として，課税による手法を考える．第 3 章では，本研究も踏まえ，今後の研究の方向性について，いくつかのアイディアを

示す.

　最後に，本書の執筆は多くの方々の助けがあってこそものであり，ここに記して感謝を示したい．慶應義塾大学の大山道廣名誉教授と塩澤修平教授には，三菱経済研究所で研究をする機会を頂いた．尾崎裕之教授には研究について様々な助言を頂いた．細田衛士教授，大沼あゆみ教授，上智大学の坂上紳氏には，回避費用の特徴付けを始め，モデルの解釈など多くのご指摘を頂いた．野村総合研究所の山口臨太郎氏には，学会報告での討論者として有益なコメントを頂戴した．執筆を進めるにあたっては，公益財団法人三菱経済研究所の青木透前常務理事，滝村竜介常務理事に定期的に研究の進捗をみて頂き，期日までに研究をまとめることができた．また，研究部はじめ研究所の皆様には様々にご助力頂き，落ち着いて研究を進めることが出来た．ここに名前を挙げた方以外にも，演習やセミナー等で多くの方々から頂戴したコメントも執筆する上で参考にさせて頂いた．お世話になった方々に改めてお礼申し上げたい．また，本書の研究に際し，慶應義塾経済学会から補助を受けた．なお，本書にあり得べき誤り，その責任は著者に属するものである．

2015 年 1 月

檀原　浩志

目　　次

第 1 章　序論 ·· 1
　1.1　世代重複モデルについて ··· 1
　　1.1.1　モデルの概要 ·· 2
　　1.1.2　競争均衡と社会的最適配分 ································ 5
　1.2　関連研究について ··· 6
　　1.2.1　John and Pecchenino (1994) について ···················· 7
　　1.2.2　外部性の内部化 (1)：課税による方法 ···················· 9
　　1.2.3　外部性の内部化 (2)：排出権取引による方法 ············ 10
　　1.2.4　利他的な消費者 ·· 13

第 2 章　環境汚染と回避費用 ··· 17
　2.1　モデル ··· 19
　　2.1.1　モデルの概要 ·· 19
　　2.1.2　Gutiérrez (2008) について ································· 22
　2.2　結果 ··· 23
　　2.2.1　実現可能性と定常配分 ····································· 24
　　2.2.2　社会計画者の問題 ·· 24
　　2.2.3　競争均衡 ··· 27
　　2.2.4　競争均衡と税体系 (1) ······································ 29
　　2.2.5　競争均衡と税体系 (2) ······································ 38
　　2.2.6　経済厚生について ·· 44
　2.3　まとめ ·· 46

第 3 章　いくつかの議論とまとめ ································· 49
　3.1　議論：今後の研究について ······································ 50

3.1.1	定常均衡の存在 ………………………………………	50
3.1.2	ゲームについて ………………………………………	53
3.1.3	環境が消費者の寿命に与える影響について ………	57
3.2	全体のまとめ …………………………………………	63

おわりに ……………………………………………………………… 65

参考文献 ……………………………………………………………… 67

第 1 章　序論

まず第 1 章では，次章以降での議論に先立ち，基本的な道具立てを準備しておく．具体的には，分析の道具である世代重複モデルの基本的な設定を紹介する．第 1 節においては，環境等を考慮しない，従来からの世代重複モデルを扱う．続けて，第 2 節で，本書と同じく世代重複モデルで環境を分析した文献について紹介し，研究の背景を俯瞰していく．

1.1　世代重複モデルについて

世代重複 (Overlapping Generations，OLG) モデルとは何か，また，どのような経済を記述しているのかを簡単に説明する．ここでは，あくまでモデルについての基本的な説明に留め，具体的な分析は第 2 章で扱うこととする．また，より詳細な記述に関しては，齊藤他 (2010)[1]や二神 (2012)[2]によるマクロ経済学の教科書，あるいは，やや古いが Blanchard and Fischer (1989)[3]，もしくは，de la Croix and Michel (2002)[4] 等の書籍を参照していただきたい[5]．

---

[1]マクロ経済学全般についての教科書．
[2]成長理論の教科書．
[3]邦訳あり．O. J. ブランチャード，S. フィッシャー，高田聖治訳，1999，『マクロ経済学講義』多賀出版．3,4 章に世代重複モデルの記述がある．
[4]全編を通じて，世代重複モデルによる分析をしている．はじめの三分の一ほどで世代重複モデルの説明，残りが具体的な応用と数学の補論からなる．
[5]ここで挙げた教科書に限らず，世代重複モデル自体は非常に基本的な分析ツールであるため，最近の中級以上の教科書であれば大抵は扱っているように思う．

1.1.1　モデルの概要

世代重複モデルは Samuelson (1958)，あるいは Diamond (1965) 等を嚆矢としている．そのなかでも，本書で用いる世代重複モデルは Diamond 型の世代重複モデルである．ここでは，時間は離散時間で表し，$t=1$ を初期時点，第 1 期とし，それ以降，$t=1,2,\cdots$，のように無限期まで続くものとする．

この経済において，ある t 期に経済に参入する消費者のことを第 t 世代と呼び，その人口を N_t と書く．各消費者は 2 期間だけ活動し，経済から退出するものとする．そのうち，第 1 期目を若年期，第 2 期目を老年期とする．したがって，第 t 世代の消費者は，第 t 期と第 $t+1$ 期に活動する．また，第 t 期には第 $t-1$ 世代の老年世代と，第 t 世代の若年世代の 2 世代が存在していることになる．

このように若年，老年世代の 2 世代がずれながら共存した構造が毎期繰り返されるのが世代重複モデルの特徴である．この経済において，若年世代は，若年期と老年期の双方に目を向けつつ意思決定を行う．一方の老年世代は，その期で経済から退出することが分かっているので，当然のことながら次期以降については考慮しない．こうして，同じ期に存在していながら，異なる行動規準をもつ消費者が存在する状況を取り扱うことができる．

この，異なる思考様式の消費者が同時に存在するというモデルの性質から，世代重複モデルは社会保障，年金などの分析にもしばしば用いられている[6]．ここでは，消費者が 2 期間だけ活動するシンプルなモデルを用いた分析を行うが，活動期間を延ばしたモデルも実証分析等では用いられている．本書のように，2 期間モデルを想定する場合，1 期間の長さはおよそ 20 から 30 年程度を想定するが，多期間モデルの場合は，1 期間の長さを短くすることで対応できる．たとえば社会保

---

[6] たとえば，小黒・島澤 (2011) は前半で世代重複モデルについての説明を，後半で，Matlab を用いた，少子高齢化や公的年金制度などの具体的な分析を行っている．

障の実証分析を行うモデルなどでは，1 期間を 1 年として 80 期活動する消費者を考えるなどの対応をしている．

また，若年，老年世代がずれながら時間が進んでいくというこの特徴から，世代重複経済においては世代間での貸借関係を結ぶことができない．すなわち，仮に，老年世代が若年世代から金銭を借りようとしたとしても，借り手となる老年世代は，次期にはすでに経済から退出してしまっている．そのことが分かっている以上，若年世代は老年世代に対して貸そうとはしないだろう．また，逆も同様で，若年世代が借り手となろうとしたとしても，老年世代には貸し手となるインセンティブはない．

では，具体的にこの経済に存在する経済主体の行動をみていこう．まず，消費者の問題から考えていく．第 t 世代の行動を考えてみよう．各消費者は，自らの効用を最大化するよう行動する．まず，第 t 期，若年期には自らの保有する労働力を企業に提供し，その対価として，賃金を得る．そして，賃金を若年期の消費と次期のための貯蓄とに分配する．老年期には，労働はせず，前期の貯蓄からの配当を元に消費を行う．老年世代は次の期のために資産を残す必要はないので，得た配当をすべて消費にまわす．これが第 t 世代の取る行動である．

第 t 世代の最大化問題を記述すると，

$$\max_{c_t^1, c_{t+1}^2, s_t} u(c_t^1, c_{t+1}^2)$$

$$\text{s.t.} \quad c_t^1 + s_t \leq w_t,$$

$$c_{t+1}^2 \leq (1 + r_{t+1} - \delta) s_t,$$

のように書ける．ここで，$u(\cdot, \cdot)$ は消費者の効用関数で，c_t^1 と c_{t+1}^2 はそれぞれ第 t 世代の若年期，老年期の消費を表す．右下の添字はどの期の消費かを表し，右上の添字は若年世代の場合は 1，老年世代の場

合は 2 という添字で区別する．また，s_t は第 t 世代の貯蓄を表す．貯蓄は銀行等の金融機関を通じて企業に貸し出され，生産のための資本として用いられる．w_t は各消費者が得る賃金，r_{t+1} は利子率を表し，消費者はどちらも所与として意思決定を行うものとする．w_t, r_t は，それぞれ労働市場，および資本市場の均衡から定まる．また，δ は資本減耗率を表し，$\delta \in [0,1]$ とする．

続けて，この経済における企業についてみていこう．企業は複数存在しており，競争的に行動しているものとする．また，各企業は各期ごとに利潤最大化行動を行っており，期を跨いでの利潤最大化は行っていないものと仮定する．企業は資本と労働を元に生産を行い，利潤最大化している．

代表的企業の問題は

$$\max_{K_t, L_t} F(K_t, L_t) - r_t K_t - w_t L_t,$$

$$\text{s.t.} \quad K_t \geq 0, \text{and } L_t \geq 0,$$

と書ける．$F(\cdot, \cdot)$ は企業の生産関数で，K_t および L_t は企業が生産に投入する資本および労働の総量であるとする．また，このとき企業にとっては賃金 w_t，および利子率 r_t は所与である．生産関数 F が一次同次であることを仮定すると，L_t で除することにより，

$$\frac{F(K_t, L_t)}{L_t} = F(\frac{K_t}{L_t}, 1) = F(k_t, 1) =: f(k_t)$$

と書け，企業の問題は

$$\max_{k_t} f(k_t) - r_t k_t - w_t,$$

$$\text{s.t.} \quad k_t \geq 0,$$

のように，一人当たり水準に書き直すことができる．ただし，$k_t = K_t/L_t$

は一人当たりの資本量を表す．

1.1.2 競争均衡と社会的最適配分

このような設定の下，各経済主体は賃金，および利子率を所与として，それぞれ効用最大化，利潤最大化問題を解く．また，資本市場，労働市場の均衡を考える．こうして得られた配分が競争均衡配分である．

一方で，この経済全体について，また，無限先の将来に渡って，あらゆる事柄を知り，かつ正しい意志決定を行える万能な存在として，「社会計画者（the social planner，あるいは the central planner）」を考える．社会計画者の考える問題とは，全期間を通じて消費者の得る効用が最大になるような配分を考えることである．そこで，ある代表的な世代を取り出し，その効用を最大化するよう考える[7]．

$$\max_{c^1, c^2, k} u(c^1, c^2)$$

$$\text{s.t.} \quad c^1 + c^2 + k - (1-\delta)k \leq f(k),$$

ここでは，代表的な世代について考えているため，時間の添字は外している．また，この制約式は，ある期に生産された財がすべて配分されているという条件を表している．この問題の解として得られる配分が社会的最適配分である．

通常，世代重複経済においては，資本の過剰蓄積がなされるなど動学的に非効率な状況が存在し得ること，競争均衡配分が社会的最適状態とはならないことなどが知られている．そのため，競争均衡において，社会的最適状態を実現する手段を検討したり，あるいは何らかの政策を採用したときに経済厚生がどう変化するかなどを分析する．

---

[7] あるいは，すべての世代の効用を割り引いた上で和を取り，それを最大化する，という形で社会計画者の問題を定義している文献もある．

1.2 関連研究について

　関連研究の紹介に先立ち,「環境質」というものについて簡単に述べる．本書，あるいは以下で挙げる関連研究において，環境，あるいは汚染といったときは，その経済に存在する環境の状態，質を表す尺度のことを指す．それが経済に対して正の効果をもたらす場合は環境（E, Environment で表す）と呼び，負の効果をもたらす場合は汚染（P, Pollution で表す）と呼ぶ．たとえば，温暖化問題について考えている場合なら，大気中の温室効果ガスの濃度などがこれにあたる．したがって，何らかの資源を生産に用いるというような問題は，ここでいう環境に含んでいない．

　では，本書と関連のある先行研究を紹介していく．特に，世代重複モデルによる分析を行っていて，なおかつ，環境という要素が何らかの形で経済に影響を与えているものを取り扱う．本書において，環境は各経済主体に対して負の影響を与え，それに対処するために一定の費用を要するという形で経済に関係する．以下では，それ以外の環境と経済との関わり方をモデルに内包する研究を紹介していく[8]．

　具体的な影響の経路として，環境が消費者の効用に対して影響するタイプ，あるいは企業の生産性に影響するタイプ，本書のように消費者の予算制約に対して影響するタイプ，または後で紹介する老年世代の寿命（活動期間）に影響するタイプなど様々なモデル化の方法がある．また，その影響の仕方も，アメニティのように経済にとって正の価値を持つもの，汚染のように負の効果を及ぼすもの双方がある．そして，その外部性をどのようにして内部化するのか，その手法も税や排出権売買，あるいは当局による規制など，どのような環境問題に対

---

[8]以下では，取り上げる文献での表記をできるだけそのまま用いている．したがって，文献によって表記が必ずしも統一されていない点注意して頂きたい．

1.2.1 John and Pecchenino (1994) について

この分野の代表的な文献として，まず John and Pecchenino (1994) を挙げる．彼らの研究は，結果の新奇性というよりもむしろ，そのモデルの有用性，拡張性からしばしば引用されている．すなわち，環境質の動学的な挙動を単純な遷移式で記述することで，モデルに組み込み，計算を容易にしたというのが彼らの研究がしばしば参照されることの理由であると考えられる．では，モデルの基本的な構成をみていく[9]．

彼らは 2 期間の世代重複経済を考えている．その中で環境水準 E は各消費者の効用，特に，老年期の効用に影響する．効用関数は $U(c_{t+1}, E_{t+1})$ の形で書け，その水準は老年期の消費とその期の環境水準から決定される．ここでは，環境水準 E_{t+1} は消費者に正の効用をもたらすものと考えている．各消費者は効用 U を最大化するよう行動する．若年期には消費を行わないとしているため，労働によって得られた賃金 w_t を次期のための貯蓄 s_t と環境保全のためのメンテナンス m_t とに配分する．また，老年期には貯蓄から得られた利子収入をすべて消費する．

John and Pecchenino のモデルの新しさは，メンテナンス m_t も含め，環境水準の動学的挙動を定式化したことである．すなわち，彼らの定式化によれば環境質の動学式[10] は

$$E_{t+1} = (1-b)E_t - \beta c_t + \gamma m_t, \tag{1.1}$$

のように書ける．(1.1) 式の意味するところは，ある $t+1$ 期の環境水準

---

[9] この John and Pecchenino (1994) の詳しい構造については，塩澤，檀原，大滝 (2011) においても確認している．

[10] この定式化によれば，t 期の行動が，環境を改善する行動についても悪化させる行動についても，1 期遅れて $t+1$ 期に効果を持つ状況を想定している．これは，John and Pecchenino (1994) では，地球温暖化問題などを想定しているからである．仮に，大気汚染や水質汚濁のような公害を扱うとするなら，t 期の経済活動がただちに t 期の環境水準に影響するような定式化で対応できる．

E_{t+1} は，前期の環境水準 E_t と，消費 c_t による環境の悪化，および各主体の行うメンテナンス活動 m_t により改善する分によって決定される，ということである．このとき，b, β, γ は定数で，b は前期の環境水準のうちどれだけが次期に持ち越されるか，β および γ はその経済の有する汚染削減，あるいはメンテナンスの技術レベルを表している．

このような設定の下で，第 t 世代は自らの予算制約と (1.1) 式を考慮した上で効用最大化を行っている．このとき，(1.1) 式の内，第 t 世代，つまり第 t 期の若年世代に操作可能なのはメンテナンス m_t のみである点は注意が必要である．E_t および c_t は，t 期の経済活動の結果であるが，E_t は一つ前の E_{t-1} 期の行動により決まり，また c_t は第 $t-1$ 世代の老年世代が t 期に行う消費であり，どちらも t 期の若年世代にとっては所与である．よって，第 t 世代の若年世代が $t+1$ 期の環境水準を改善しようとするならば，メンテナンス m_t によるしかない．したがって，彼または彼女の解くべき問題は，次期の消費 c_{t+1} のための貯蓄 s_t と，環境質 E_{t+1} のためのメンテナンス m_t にその資産を分配することである．

John and Pecchenino (1994) においては，正のメンテナンスを行うケース ($m_t > 0$) とメンテナンスをまったく行わないケース ($m_t = 0$) に分類して，競争均衡を記述し，定常状態と動学的挙動とを分析している．また，環境が企業の生産性に対しても影響する状況を考え，競争均衡配分と社会計画者の問題の解としての最適配分との社会厚生の比較を行っている．さらに，競争均衡配分は社会的最適ではないこと，資本の過剰蓄積，あるいは環境質の過剰メンテナンスが起こりうることが示されている．その要因として挙げられているのは，世代重複モデル特有の動学的非効率性，環境質のメンテナンスについての世代間フリーライドの問題，消費による外部性などである．

以下では，競争均衡が社会的最適でないことを踏まえて，上述の外部性を解消し，競争均衡を社会的に最適な状態とするための手段を分

析した研究を，また，John and Pecchenino (1994) の設定に様々な形で修正を施した研究をみていく．

1.2.2 外部性の内部化 (1)：課税による方法

課税によって，最適状態を達成することを目指すモデルとして，まず，John et al. (1995) を挙げる．彼らのモデルは John and Pecchenino (1994) からいくつかの修正[11]が施されているが，基本的な構造はほぼ同様で，主たる結果に対して影響はない．John et al. (1995) では，二通りの政府の存在を考えている．一つは，各期の開始時点に住民によって選ばれ1期間だけ存続する短期の政府で，もう一つは，無限期間存続している長期の政府である．政府の役割は課税によって，消費者の配分を適切な水準へと誘導することである．

短期の政府は，その期1期間のみの最適化を行っている．そのため，短期の政府による課税は，世代内の外部性を内部化する効果はあるものの，世代間の外部性の内部化には至らない．それに対して，長期の政府は無限先の時点までの最適化を行っている．ここでの長期の政府は，実質的に社会計画者の役割を担っており，適切な税体系を設定することで，最適な状態が実現することを示している．

これと同種のアプローチをしているのが Ono (1996) である．Ono (1996) では，各主体は老年期の消費と環境質に加え，若年期の消費から効用を得る．すなわち，消費者は効用 $u(c_t^1, c_{t+1}^2, E_{t+1})$ を最大化している．ここでは，社会計画者の問題の解として得られる最適な配分を

---

[11]たとえば t 期の人口を N_t で表し，人口変動を考えている．また，効用関数を消費による効用と環境質からの効用とを加法分離的にしている．この内，前者の人口の問題に関してはいくつか問題点があるがここでは省略する．また，John and Pecchenino (1994) において各主体が自主的にメンテナンスを行うことを想定していたが，John et al. (1995) では政府が一定額を税として徴収し，それがメンテナンスに用いられることを考えている．これも興味深い点ではあるが，モデルとしては同じ形になっているので深くは踏み込まないでおく．

競争均衡によって実現することを意図し，そのために，3通りの税体系を考えている．

一つ目は，若年，老年世代に対して異なる消費税（τ_c^1 および τ_c^2）を，また，若年世代に一括税 τ を課す，という税体系である．そして，このとき徴収された税は全額老年世代に対する補助金 σ として与えられる．二つ目は，若年，老年世代に共通の消費税 τ_c を，また，若年世代に一括税 τ，老年世代に資産税 τ_k を課す，という税体系である．なお，このときも徴収された税はすべて老年世代への補助金 σ として，移転されている．また，具体的なモデルを計算しているわけではないが，三つ目の税体系として，一括税 τ，資産税 τ_k，そして，環境メンテナンスへの補助金 τ_m という組み合わせによる税体系も提示している．

Ono (1996) の結果を解釈すると，ここで議論されている税体系は，どれも3種類の税と補助金から構成されている．その役割はというと，若年世代，老年世代の行動を調整するために一つずつ，そして経済全体での額を調整するために一つの税を必要としていることを表している．すなわち，社会的最適配分と同様の行動を消費者に取らせるために，若年世代，老年世代の限界条件を動かすこと，予算制約を満たすために税，あるいは補助金で調整すること，これがこの税体系に求められる機能であるといえる．

1.2.3　外部性の内部化 (2)：排出権取引による方法

前節では，環境の外部性を課税により内部化するという手法を扱う文献を取り上げた．今節では，排出権取引により外部性を内部化する手法についてみていく．特に，各論文において，どのうようにモデル化しているのか，また，それによってどのような結論が得られるのかを確認する．

まず，Ono (2002) をみていく．ここでは，排出権取引を扱うために，John and Pecchenino (1994) からいくつか設定が変更されている．John and Pecchenino (1994) では環境質の動学が (1.1) 式のように表されていたのに対し，Ono (2002) では，

$$E_{t+1} = (1-b)E_t - \beta P_t + \gamma m_t, \qquad (1.2)$$

のように表されている．ここで P_t は，$P_t = Y_t(z_t)^\theta$ のように書け，企業の生産量 Y_t に伴い，ある割合 z_t に応じて，汚染が発生し，それが環境質を悪化させることを意味している．このとき，P_t は毎期新たに発生する汚染を表す．また，E_t は，新たに発生する汚染と汚染削減のためのメンテナンスの結果として，どれだけの環境水準を保つことができているか，を表しており，消費者の効用に対して，正の影響を及ぼす変数である．

また，企業の生産も

$$Y_t = A(K_t)^{\alpha_K}(L_t)^{\alpha_L}(P_t)^{\alpha_P},$$

のように書け，汚染に程度に応じて生産量も影響を受けることを仮定している[12]．このような状況のもと，企業 i には S^i の排出権が割り当てられ，実際の排出量 P^i との差額を排出権市場で売買する．したがって，各企業は排出権売買も含めて利潤最大化行動を行う．代表的企業の最大化問題は

$$\max_{K_t, L_t, P_t} A(K_t)^{\alpha_K}(L_t)^{\alpha_L}(P_t)^{\alpha_P} - \rho_t K_t - w_t L_t + q_t(S - P_t),$$

$$\text{s.t.} \quad K_t \geq 0, L_t \geq 0, \text{ and } P_t \geq 0,$$

のように書ける．

この最終項の $q_t(S - P_t)$ が排出権取引による利益または支払いで，割り当てられた S と実際の排出量 P_t の大小によって排出権の購入または

---

[12] この書き方だと，資本，労働とともに汚染も生産のための投入要素のように読めるが，$P_t = Y_t(z_t)^\theta$ と表したように，生産に伴って一定の汚染が発生するという状況を想定している．

売却を表す.また,排出権市場は $\tau_t^l = q_t S$ で均衡しており,排出権取引による売上げ $q_t S$ は政府を通じて,若年世代へと移転されるとしている.ここでの S は各企業への割当の総量 $\sum S^i$ である.また,τ_t^l は消費者への移転の総額である.

一方の消費者は,$\ln c_{t+1} + \ln E_{t+1}$ の効用関数を有し,老年期の消費 c_{t+1} と環境質 E_{t+1} から効用を得る.したがって,自らの労働所得 w_t と排出権売買から得た収入 τ_t を老年期の消費のための貯蓄 s_t と,環境メンテナンスへの投資 m_t へと配分する.

このような設定の下,競争均衡を考え,企業への排出権割当の変更がどのように影響するのかを分析している.注意すべき結果として,排出権割当を減らすことが長期的な環境質の悪化となる可能性を示唆している.

次に,Jouvet, Michel and Rotillon (2005) についてみていく.Ono (2002) が排出権売買が経済成長に対してどのような効果を持つのか,という点に着目していたのに対し,この研究は社会計画者が考える最適状態を競争均衡で実現するための手段として排出権取引を考えている.モデルの細かな違いに注意してみていこう.企業の生産からの汚染排出が各期の環境水準に対して影響する点は Ono (2002) と同様で,その動学的挙動は

$$Q_t = h\bar{Q} + (1-h)Q_{t-1} - P_t, \qquad (1.3)$$

のように表現できる.ここで,Q_t は消費者の効用に対して正の影響を持つ.この式は,t 期の汚染水準が,汚染排出がないときの環境水準 $\bar{Q}$ と前期からの残存分 Q_{t-1},さらには,生産に伴い t 期に新たに排出される汚染 P_t によって定まることを表している.ここで,注意すべきは John and Pecchenino (1994) や,あるいは Ono (2002) などでは,t 期の経済活動の影響は,一定時間のラグを置いて,$t+1$ 期に現れていたが,(1.3) 式では,t 期の企業の排出分が,間を置かずに t 期の内に現

れている点である．これは分析対象としている環境問題が，公害などの，より短時間で影響を及ぼし始める性格のものであると理解できる．

他方，消費者の効用関数は $U(c_t, 1-l_t, Q_t, d_{t+1}, Q_{t+1})$ のように書かれ，若年期，老年期の消費 (c_t, d_{t+1}) と余暇 $(1-l_t)$，そして，若年期，老年期の環境質 (Q_t, Q_{t+1}) から効用を得るという一般的な形になっている．また，ここでは消費者の行動の中からメンテナンスという選択肢が外され，汚染水準に直接影響を及ぼすのは企業の生産活動のみ，というかたちを取っている．

企業にはそれぞれ排出権が割り当てられる．各企業は完全競争的に行動し，排出権売買も含めて利潤最大化を行っている．排出権売買の売上げは，政府を通じて，若年，老年世代へと分配される．

Jouvet, Michel and Rotillon (2005) では，このような経済で達成される競争均衡経路を，社会計画者が考える最適状態へと導くことを考えているが，それには，オークションによる排出権割当が必要であるとの結論が得られている．また，グランドファザリングなどによる無償割当は資源配分に歪みをもたらすため，最適とはならない．

1.2.4 利他的な消費者

続けて，世代重複モデルに環境質と消費者の利他性を導入し，分析を行った文献として，Jouvet, Michel and Vidal (2000)，あるいは，Michel, Thibault and Vidal (2004)[13] がある．

Jouvet, Michel and Vidal (2000) のモデルの基本的な構成は非常にシンプルである．各企業は競争的に活動しており，資本と労働を用いて生産を行い，利潤最大化を目指す．企業の生産活動は環境質の悪化（こ

---

[13]Michel, Thibault and Vidal (2004) は利他性に関するサーベイ論文で，ここで扱っているモデルは Jouvet, Michel and Vidal (2000) とほぼ同様である．したがって，ここでは Jouvet, Michel and Vidal (2000) を用いてモデルの説明をする．

こでは，汚染の増大）をもたらす．すなわち，環境質の動学は

$$P_t = aY_t + (1-h)P_{t-1} - bZ_t, \quad (1.4)$$

のように書ける．t 期の汚染水準 P_t は前期からの残存分 $(1-h)P_{t-1}$ と，生産によって新たに発生した汚染 aY_t，また，汚染削減活動により減少した分 bZ_t によって決定する．ここでもまた，期を跨いで変動するのは前期からの残存分を表す P_{t-1} の項のみで，t 期の経済活動の影響は，時間を置かず，その期のうちに影響が表れることが仮定されている．

各消費者が直接的に得る効用は $U(c_{t+1}, P_{t+1})$ で，それに加えて，後の世代の効用からも一定の割合 γ で効用を得ており，その効用関数は

$$V_t = U(c_{t+1}, P_{t+1}) + \gamma V_{t+1}$$

$$= \sum_{s=t}^{\infty} \gamma^{s-t} U(c_{s+1}, P_{t+1}) \quad (1.5)$$

と書くことができるものとしている．ここでは，$U(c_{t+1}, P_{t+1})$ を消費者が直接的に得る効用と呼び，また，V_{t+1} を間接的に得る効用と呼び，区別することとする[14]．

彼らのモデルにおける，各消費者の行動は次のようである．若年期には賃金収入 w_t と親世代からの遺産 x_t を得る．若年期には消費を行わないため，資産のすべてを貯蓄 s_t に回す．老年期には，前期の貯蓄からの収入を元に消費 c_{t+1} と，次世代への遺産 x_{t+1}，汚染削減のための環境投資 z_{t+1} とに分ける．このとき，遺産 x_{t+1} は次世代のための利他的行動で，その効果は V_{t+1} を通じて，消費者に影響する．一方の環境投資 z_{t+1} は，(1.4) 式の形から，ただちに P_{t+1} に効果を及ぼし，自らの効用 $U(c_{t+1}, P_{t+1})$ に直接影響する．それに加えて，次期への蓄積

---

[14] 利他的な消費者を扱った論文の中には，ある消費者の得る総効用（ここでいう V_t）のことを効用，utility，自ら直接得る効用（ここでは $U(c_{t+1}, P_{t+1})$）を瞬間的な効用，instantaneous utility，あるいは felicity などと呼んで区別しているものもある．

を通じて，次世代以降の効用，また，自身が間接的に得る効用 V_{t+1} にも影響する．

各消費者が経済に与える影響をもう少し細かくみてみよう．(1.4) 式に現れる変数は，汚染水準 P はもちろん，生産量 Y も環境投資 Z もすべて経済全体での水準である．環境投資 Z は，その期に存在する N 人の消費者が行う環境投資の合計で，すなわち，$Z = \sum_i^N z^i$ ある．第 t 期の個人 i が老年期に行う環境投資を z^i_{t+1}，それ以外の消費者の環境投資の総量を $\bar{Z}_{t+1}$ とすれば，$Z_{t+1} = \bar{Z}_{t+1} + z^i_{t+1}$ と書ける．すなわち，個人 i は他の消費者の行う環境投資を所与として，自身の行う環境投資 z^i_{t+1} を決定している[15]．

このような設定の下で，競争均衡を定義し，利他性の度合いが変わることで均衡にどのような影響が生じるのか，あるいは社会計画者による最適配分の特徴付けと，分権的な経済でどのようにそれを実現するのかを議論している．Jouvet, Michel and Vidal (2000) の設定の下では，利他的な消費者を想定しているだけでは，社会的最適を達成するには不十分で，加えて，資産課税と環境投資への補助金，さらには一括税を必要とする．

---

[15]したがって，各個人の行動はゲーム的なものとなり，フリーライダー問題などについても気にする必要がある．しかしながら，Jouvet, Michel and Vidal (2000) においては，各消費者が同質で，非対称的な行動を取るような状況は排除し，そのようなゲーム的状況は回避している．すなわち，$Z_{t+1} = Nz_{t+1}$ と書けるものとしている．仮に，他者の行動も考慮した上でゲーム的に行動する状況を考えるならば，ここでは，世代内のゲームと同時に，次世代へどれだけの遺産を残すか，また，次期の環境にどれだけ投資をするのか，という世代間のゲームを同時に考えることになる．

第 2 章　環境汚染と回避費用

　前章の関連研究では，環境水準の影響が顕在化する際に，消費者の効用，あるいは企業の生産性という経路を通じて経済に影響する状況を念頭に置いていた．また，その存在が経済に対して正の効果を持つ場合，負の効果を持つ場合の両方を取り上げたが，本章においては，環境水準が予算制約という経路を通じて経済に影響するというモデルを考える．すなわち，環境汚染は各経済主体に対して，彼または彼女に対して悪影響を及ぼす．特に各主体の老年期にその影響を受けることを考える．そして，それに対処するために一定の費用の支出を要する，という状況を想定する．

　このような状況を仮定するにあたって，具体的にどのような経済問題を考えているのかを述べる．以下で参考にしている Gutiérrez (2008) は本書とはやや問題意識を異にするが，そこではそれを「健康」費用と呼んでいる．つまり，環境水準とはいわば公害の程度を表す尺度として機能している．環境の悪化は，人々の健康状態に対して負の影響を及ぼすだろう．そして，それは若年世代には顕在化せずとも，老年世代には病気の発症といった形で現れる．そういった病気に対処するために支払うのが健康費用である．

　あるいは温暖化問題を例に考えてみると，それは「回避」費用であると解釈できる．環境水準は温暖化の程度を表すと考える．すると，温暖化が進むことで，たとえば海面上昇や異常気象などの被害が発生する．そして，それらに対処するための費用として回避費用を考えることができる．海面上昇に対しては，堤防の整備などがこれにあたり，ま

た，異常気象に対しても，それに備え日頃から蓄えておくことなどがこれにあたるだろう．どちらの例においても，将来の費用の支払いと，環境の水準を良くするためのメンテナンス費用とをどうバランスを取るのかという問題を考える点では共通である．

では，このようなモデル化，環境質の影響が予算制約における費用という形で顕在化する，というモデル化にどのような利点，意義があるといえるだろうか．それは，実証分析への拡張，応用という点にある．本研究の関心事は，あくまで理論モデルを通じての考察に限られており，実証分析は行っていないが，この点において，「費用」という形で現出することの利点がある．環境質が効用，あるいは企業の生産性という形で，経済と関わっている限りにおいて，それをどのように評価すべきかという問題が残る．つまり，実証分析を行い，実際の状況を調べようとすると，何らかの方法で消費者の有する効用関数，あるいは企業の生産関数において，環境質がどのように影響しているのかを特定する必要がある．そして，多くの場合，それらの問題は容易ではない．しかしながら，費用として算出できれば，その具体的な値は各種統計や企業の会計などから抽出が可能となる．そうすることで，世代重複モデルが社会保障や年金といった分野でしばしば用いられている点も，豊富な先行研究を活用するという意味で，このような定式化をすることの利点と成り得る．

ここで用いる，環境水準が費用という経路を通じて経済に影響するという定式化を行うにあたって，Gutiérrez (2008) によるモデルを採用，いくつか修正を行って分析する．そこで，まず本書で用いるモデルを紹介しつつ，Gutiérrez (2008) のモデルと比較して，どのような修正を施したのかを確認する．

2.1 モデル

ここで本章で扱うモデルについて，基本的な説明を与える．使用する文字や，関数についての仮定，あるいは定式化など前章での説明や先行研究で用いられているものと共通する部分も少なくないが，異なる部分もあるため，ここで改めて確認する．まずはここで考える経済の基本的な構成要素について説明し，続けてベースとした Gutiérrez (2008) との相違点について述べる．

2.1.1 モデルの概要

本章においては，生産を伴う Diamond 型の世代重複モデルを考える．また，時間は離散時間であるとし，$t = 1, 2, \cdots$，のように記述されるとする．この経済には，意思決定を行う主体として，消費者と企業が存在する．また，存在する財は 2 種類ある．一つは私的財で，これは消費に用いられるほか，追加的な費用を必要とせずに，生産のための資本やメンテナンスのためにも用いられる．もう一方が環境水準，汚染で，これは公共財的性質を有する．

まずは環境水準，すなわち汚染について説明しよう．本書で扱う環境水準は経済に対して負の影響を及ぼす「汚染」として記述する．具体的には，前述した地球温暖化における温室効果ガスのようなものを想定する．より多く蓄積することで，重大な環境問題につながり，その回避費用の支払いを消費者に強いるという構造である．また，汚染は時間を通じて蓄積し，企業の生産活動に伴い増加し，一方で消費者のメンテナンス活動により，減少する．ここで，消費者がメンテナンスを行うという構造になっている点は注意が必要である．つまり，汚染を削減する主体が政府などの公的機関ではなく，あくまで消費者である．これは，必ずしも消費者が何か特別な技能を有しているという

ことを意味してはいない．汚染を削減するための費用を消費者が負担し，それを集計した別の主体が実際の汚染削減を行っていると解釈すればよいし，あるいは汚染削減のための機会費用がメンテナンス費用に相当していると解釈してもよい．

本章における汚染水準の動学的な挙動は以下のようであるとする．汚染水準 P は

$$P_{t+1} = (1-\alpha)P_t + \beta f(k_t)n - \gamma g(m_t)n, \qquad (2.1)$$

のように推移しているものとする[16]．すなわち，前期からの残存分 $(1-\alpha)P_t$ と，生産によって新たに発生した汚染 $\beta f(k_t)n$，また，環境メンテナンスを行うことで削減した分 $\gamma g(m_t)n$ によって，決定するものとする．また，f, g とも一人当たりで見た水準で，経済全体での水準に直すため，n を乗じている．特に，メンテナンスの効果については，経済全体の水準は，本来ならば，$\gamma g(m_t n)$ であるが，以下で仮定するように g は一次同次であるとし，$\gamma g(m_t n) = \gamma g(m_t)n$ と評価する．このとき，パラメータ $\alpha \in [0,1]$ は自然の持つ浄化能力を表し，$\beta > 0$ は企業の持つ汚染削減技術を，$\gamma > 0$ はメンテナンスの技術を表しているものとする．$g(\cdot)$ はメンテナンス関数で，以下を仮定する．

仮定 1. メンテナンス関数 g について，$g' > 0$, $g'' < 0$, $g(0) = 0$ とする．また，g は一次同次であるとする．

次に，この経済に存在する消費者について述べる．各消費者は 2 期間生存し，1 期目を若年期，2 期目を老年期と呼ぶ．特に，第 t 期に経済に参入する消費者のことを第 t 世代と呼ぶ．本書では，各世代の人口を n で表し，これは期間を通じて一定であるとする．各消費者は若

---

[16]この定式化は John and Pecchenino (1994) による定式化の変形である．また，ここでは，Jouvet, Michel and Vidal (2000) などと同様に，各経済主体は他者のメンテナンス行動をあてにし，自らの行動を変えるというような，ゲーム的な状況は考えないものとする．

年期，老年期それぞれの消費から効用を得ており，第 t 世代の効用は

$$u(c_{1,t}) + \frac{1}{1+\theta}u(c_{2,t+1}), \tag{2.2}$$

のように書けるものとする．このとき，θ は割引率を表すパラメータである．また，$c_{1,t}$ および $c_{2,t+1}$ はそれぞれ若年期，老年期の消費を表す．はじめの添字は 1 が若年期，2 が老年期を意味し，あとの添字はその消費がいつの時点で行われた消費かを表している．

仮定 2. 効用関数 u について，$u' > 0, u'' < 0, u(0) = 0, \lim_{c \to 0} u'(c) = +\infty, \lim_{c \to +\infty} u'(0) = 0$ とする．

第 t 期において，若年世代の消費者は 1 単位の労働を企業に提供し，その報酬として賃金所得 w_t を得る．そして，その賃金を若年期の消費 $c_{1,t}$，次期のための貯蓄 s_t，環境改善のためのメンテナンス m_t へと配分する．第 $t+1$ 期には，利子率を r_{t+1} として，老年世代は前期の貯蓄からの収入 $(1+r_{t+1})s_t$ を得る．老年世代は，$c_{2,t+1}$ を消費するが，それと同時に，その期の汚染水準に依存した回避費用 $h(P_{t+1})$ を支払わなければならない．

仮定 3. 回避費用関数 $h(\cdot)$ は汚染水準 P に対して，増加関数であるとする．

このことは，各経済主体にとって，老年期における汚染水準が高い，すなわち，環境の状態が悪い状況であれば，それだけ被害を減ずるためにより一層の費用を要することを表している．したがって，各経済主体は，若年期における環境メンテナンスを行う動機を持つことになる[17]．

---

[17] 本稿においては，不確実性を考えていないが，将来時点における利子率はもちろん，汚染水準がどのように遷移していくのか，という点にも不確実性は十分に考えられる．そして，将来をどのように予測するかによって，各主体の行動，あるいは達成される均衡も変わってくる可能性がある．

各経済主体は，2期間活動し，経済から退出するが，一部例外もある．それは，第0世代（あるいは，the initial old）と呼ばれる第1期の老年世代である．彼らは，第1期のみ活動し，経済から退出する，という点で他の世代とは異なっている．モデルの構成上，若年期を考えないので，彼らは $k_1 > 0$ の資産を持っているとされ，それをもとにして効用最大化行動をとっていると考える．

次に，企業について述べる．企業は，労働と資本を元に生産活動を行っている．この経済には多数の企業が多数存在しており，各企業は完全競争的に行動し，利潤最大化している．また，期を跨いでの最大化行動はなく，各期ごとの最大化を行っているとする．労働1単位あたりの資本を k_t とすると，企業の生産関数は $f(k_t)$ と書けるものとする．

仮定 4. 生産関数 f について，$f' > 0, f'' < 0, f(0) = 0, \lim_{k \to 0} f'(k) = +\infty, \lim_{k \to +\infty} f'(k) = 0$ とする．

2.1.2 Gutiérrez (2008) について

本章で行う分析のベースとなっている Gutiérrez (2008) のモデルを紹介しつつ，そこからどのような修正を行っているのかを述べる．本章の定式化と Gutiérrez (2008) における定式化とは，汚染の動学式[18]の点で大きく異なっている

どういうことかというと，本稿では，ある $t+1$ 期の汚染は，(2.1) 式にあるように，前期 t 期から残存する汚染と，t 期生産活動により新たに発生する汚染，また，t 期のメンテナンスによって改善する分と，3つの要素から汚染水準が決定するとしている．一方，Gutiérrez (2008)

---

[18]定式化の上での違いはないが，本書では，老年期に支払う費用のことを回避費用と呼び，一方の Gutiérrez (2008) では健康費用と呼んでいる．通常，健康費用の特徴付けとして，環境の悪化による被害（たとえば病気）によって，効用が低下する．そして，それに対する治療のための費用を支払い，症状が回復する．すなわち，効用が改善する，というプロセスを辿る．しかしながら，Gutiérrez (2008) ではそういったことは考慮されていない．

の定式化は,

$$P_t = (1-\delta)P_{t-1} + \alpha F(K_t, N_t), \tag{2.3}$$

のような形になっている．いくつか相違点があるが，まず，彼女の想定する経済にはメンテナンスがない．したがって，消費者が自ら汚染を積極的に減ずる手段を持たない．また，本稿においては，生産からの汚染が顕現するまで時間的なずれを伴っているが，彼女の定式化では，ある期の生産活動による汚染排出は，その期の内に現れることになっている[19]．

この定式化では，メンテナンスという選択肢がないため，仮に汚染削減，環境の改善を意図したら，生産を減ずるしか手段がない．そして，それは生産に用いられる資本，すなわち，各経済主体にとっては貯蓄の減少を意味する．貯蓄の減少は，当然，次期の資産を減ずることになる．したがって，この経済において，環境の改善は，若年期の消費の増大と，老年期の消費，および健康費用の減少をもたらすという，奇妙な事態になっている．そこで，本稿においては，メンテナンスという，汚染を能動的に削減する手段を導入した．

2.2　結果

以下では，この経済について無限先の将来までを見通すことができる万能な存在として社会計画者を想定する．そして，社会計画者の問題を考え，その解として最適な配分を定義する．さらに，最適な配分を各経済主体が自主的に行動する結果，競争均衡として達成することを考える．通常，このような外部性がある経済において，各主体の効用最大化行動，利潤最大化行動に任せていても，社会的最適状態をも

---

[19] このことから，彼女のモデルでは，温暖化などの長期間を要するタイプの外部性ではなく，公害などの外部性を想定している，と解釈できる．

たらす配分は達成されない.そこで,ここでは社会的最適状態を達成できるような税体系を導入し,その条件を調べる.また,関数型を特定化することで,配分についても具体的な計算例を与える.

2.2.1 実現可能性と定常配分

社会計画者の問題を定義する前に実現可能性と定常性について定義する.まず,実現可能性について定義する.

定義 1. ある配分 $\{(c_{1,t}, c_{2,t}, k_t, m_t, P_t)\}_{t=1}^{\infty}$ が実現可能であるとは,その配分が任意の時点 $t \geq 1$ において,汚染の動学式 (2.1) 式と以下の資源制約

$$c_{1,t} + c_{2,t} + k_{t+1} - (1-\delta)k_t + m_t + h(P_t) \leq f(k_t) \tag{2.4}$$

を満足することである.

また,定常性について,以下のように定義する.

定義 2. ある配分 $\{(c_{1,t}, c_{2,t}, k_t, m_t, P_t)\}_{t=1}^{\infty}$ が定常であるとは,任意の時点 $t \geq 1$ において,$(c_{1,t}, c_{2,t}, k_t, m_t, P_t) = (c_1, c_2, k, m, P)$ を満足する $(c_1, c_2, k, m, P) \in \mathbb{R}_+^4 \times \mathbb{R}$ が存在することである.

以下で扱う社会的に最適な配分や競争均衡配分は,みな実現可能な配分を想定する.また,比較する際にも動学経路の比較ではなく,定常な配分の比較をする.

2.2.2 社会計画者の問題

社会的に最適な配分を,社会計画者の問題の解として定義し,「黄金律配分 (The golden rule allocation)」と呼ぶことにする.社会計画者の問題を次のように書く.なお,$\delta \in [0,1]$ は資本減耗率を表す.

$$\max_{c_1, c_2, k, m, P} u(c_1) + \frac{1}{1+\theta} u(c_2), \tag{2.5}$$

第 2 章 環境汚染と回避費用

$$\text{s.t.} \quad c_1 + c_2 + k - (1-\delta)k + m + h(P) \leq f(k), \tag{2.6}$$

$$P = (1-\alpha)P + \beta f(k)n - \gamma g(m)n,$$

すなわち，社会計画者の問題とは，任意の期について，(2.6) 式の資源制約，汚染の推移を満たしつつ，その期の住人の効用の和を最大化することであると，理解できる．

定義 3. ある実現可能な定常配分 $(c_1^G, c_2^G, k^G, m^G, P^G)$ が黄金律配分であるとは，この配分が (2.5) 式および (2.6) 式で定義される社会計画者の問題の解であることである．

では，このような黄金律配分が満足すべき必要条件を求めるために，Lagrange 関数 L を次のように定義する．ここで，$\lambda \in \mathbb{R}_+$ および $\mu \in \mathbb{R}$ は Lagrange 乗数である．

$$L := u(c_1) + \frac{1}{1+\theta} u(c_2)$$

$$- \lambda \{ f(k) - c_1 - c_2 - k + (1-\delta)k - m - h(P) \}$$

$$- \mu \{ P - (1-\alpha)P - \beta f(k)n + \gamma g(m)n \}.$$

これを c_1，c_2，k，m，および P で微分し，以下を得る．

$$\frac{\partial L}{\partial c_1} = u'(c_1) + \lambda = 0,$$

$$\frac{\partial L}{\partial c_2} = \frac{1}{1+\theta} u'(c_2) + \lambda = 0,$$

$$\frac{\partial L}{\partial k} = -\lambda \{ f'(k) - 1 + (1-\delta) \} + \mu \beta f'(k) n = 0,$$

$$\frac{\partial L}{\partial m} = \lambda - \mu \gamma g'(m) n = 0,$$

$$\frac{\partial L}{\partial P} = \lambda h'(P) - \mu + \mu(1-\alpha) = 0.$$

したがって，これらから λ および μ を消去すると，以下の3式が得られる．

$$(1+\theta)u'(c_1) = u'(c_2),$$

$$\left\{1 - \frac{\beta}{\gamma g'(m)}\right\} f'(k) = \delta,$$

$$\gamma g'(m) h'(P) n = \alpha.$$

これら3式と，資源制約および汚染制約をあわせて，黄金律配分の必要条件を得る．

命題 1. 黄金律配分 $(c_1^G, c_2^G, k^G, m^G, P^G)$ は以下の条件を満足する：

$$(1+\theta)u'(c_1^G) = u'(c_2^G), \tag{2.7}$$

$$\left\{1 - \frac{\beta}{\gamma g'(m^G)}\right\} f'(k^G) = \delta, \tag{2.8}$$

$$\gamma g'(m^G) h'(P^G) n = \alpha, \tag{2.9}$$

$$c_1^G + c_2^G + k^G - (1-\delta)k^G + m^G + h(P^G) = f(k^G), \tag{2.10}$$

$$P^G = \frac{n}{\alpha}\left\{\beta f(k^G) - \gamma g(m^G)\right\}. \tag{2.11}$$

命題1の条件を確認する．(2.7)式は若年世代と老年世代の分配の比率に関する条件で，(2.8)式は資本蓄積に関する条件，(2.9)式はメンテナンス投資に関する条件である．(2.10)式は実現可能性の条件であり，(2.11)式は黄金律配分が実現しているときの環境質の水準を表している．

これが，社会計画者による最適な配分の満たすべき条件である．この条件を満足するような配分を競争均衡として実現するのが以下の目的である．そこで，まずは実際の競争均衡でどのような配分が実現するのかを確認する．

2.2.3 競争均衡

まず，消費者の効用最大化問題を記述する．ある t 期の消費者の解くべき問題は

$$\max_{c_{1,t},c_{2,t+1},s_t,m_t,P_{t+1}} u(c_{1,t}) + \frac{1}{1+\theta}u(c_{2,t+1}), \tag{2.12}$$

s.t. $\quad c_{1,t} + s_t + m_t \leq w_t,$

$$c_{2,t+1} + h(P_{t+1}) \leq (1+r_{t+1})s_t, \tag{2.13}$$

$$P_{t+1} = (1-\alpha)P_t + \beta f(k_t)n - \gamma g(m_t)n.$$

のように書ける．

まず，この問題を解くために，Lagrange 関数 L を次のように定義する．ここで，$\lambda_1, \lambda_2 \in \mathbb{R}_+$ および $\lambda_3 \in \mathbb{R}$ は Lagrange 乗数である．

$$L := u(c_{1,t}) + \frac{1}{1+\theta}u(c_{2,t+1})$$

$$-\lambda_1 \{w_t - c_{1,t} - s_t - m_t\}$$

$$-\lambda_2 \{(1+r_{t+1})s_t - c_{2,t+1} - h(P_{t+1})\}$$

$$-\lambda_3 \{P_{t+1} - (1-\alpha)P_t - \beta f(k_k)n + \gamma g(m_k)n\}.$$

これを $c_{1,t}, c_{2,t+1}, s_t, m_t,$ および P_{t+1} で微分し，整理することで以下を得る．

$$(1+\theta)u'(c_{1,t}) = (1+r_{t+1})u'(c_{2,t+1}),$$

$$1+r_{t+1} = \gamma g'(m_t)h'(P_{t+1})n.$$

前者は消費者が若年期と老年期の消費をどのように配分するかという条件である．一方，後者はメンテナンスをどれだけ行うかという条件である．

また，企業の利潤最大化問題は

$$\max_{k_t} \quad f(k_t) - w_t - (r_t+\delta)k_t$$

のように書ける．そして，企業の最大化問題を解くことで，利子率 r_t と賃金 w_t が得られる．

$$r_t = f'(k_t) - \delta,$$

$$w_t = f(k_t) - f'(k_t)k_t$$

と書ける．

したがって，定常競争均衡配分の満足すべき 1 階の必要条件は以下のようになる．

$$(1+\theta)u'(c_1) = (1+r)u'(c_2), \tag{2.14}$$

$$1+r = \gamma g'(m)h'(P)n, \tag{2.15}$$

$$c_1 + s + m = w, \tag{2.16}$$

$$c_2 + h(P) = (1+r)s, \tag{2.17}$$

$$r = f'(k) - \delta, \tag{2.18}$$

$$w = f(k) - f'(k)k, \tag{2.19}$$

$$s = k, \tag{2.20}$$

$$P = \frac{n}{\alpha}\{\beta f(k) - \gamma g(m)\}. \tag{2.21}$$

こうして得られた競争均衡における1階の条件を，社会計画者の問題の解として得られる1階の条件と比べてみると，両者の限界条件が異なっていることがみて取れる．それはすなわち，競争均衡においては社会的に望ましい配分は達成されないことを意味している．そこで，以下では市場で最適配分の満足すべき条件を達成させるような方法について検討する．

2.2.4 競争均衡と税体系 (1)

前章の関連研究で示したように，最適な配分を得るための手段はいくつか考えられるが，本研究では，課税によって最適状態を達成することを考える．すなわち，政府が適切な税率を設定することで，消費者，企業の行動に作用する．そして，それによって，望ましい資源配分を実現することを考える．また，用いる税体系における税の組み合わせ方は，Gutiérrez (2008) の5節で用いられている税体系を採用することとする．Gutiérrez (2008) では，二通りの税体系で最適配分を達成している．一つは，企業の生産に対する課税，若年，老年世代への一括税 (τ_p, τ_y, τ_o) という組み合わせで，もう一つは，若年世代の賃金収入に対する課税，老年世代の資産への課税と老年世代への補助金 (τ_w, τ_k, σ) という組み合わせである．まず今節では，(τ_p, τ_y, τ_o) という税体系の下で，競争均衡配分を黄金律配分にすることを議論する．そして，次節で，(τ_w, τ_k, σ) という税体系について議論する．

税体系 (τ_p, τ_y, τ_o) の下での各経済主体の問題を順にみていく．まず，消費者について考えると，彼らは，若年期，老年期にそれぞれ τ_y, τ_o の一括税を課されている[20]．

---

[20] なお，ここでは，$\tau_y, \tau_o > 0$ に限定しない．$\tau_y, \tau_o < 0$ のときは，一括税ではなく，一括補助金が与えられていることを意味する．

よって, 消費者の問題は k_1, P_1 を所与として,

$$\max_{c_{1,t}, c_{2,t+1}, s_t, m_t, P_{t+1}} u(c_{1,t}) + \frac{1}{1+\theta} u(c_{2,t+1}), \quad (2.22)$$

s.t. $c_{1,t} + s_t + m_t \leq w_t - \tau_y,$

$$c_{2,t+1} + h(P_{t+1}) \leq (1 + r_{t+1})s_t - \tau_o, \quad (2.23)$$

$$P_{t+1} = (1-\alpha)P_t + \beta f(k_t)n - \gamma g(m_t)n.$$

のように書ける．消費者は，課税後（または補助金受取後）の可処分所得，および環境質の推移を考慮に入れて，効用最大化行動を考える．すなわち，汚染水準が高まると，それに伴い発生する老年期の回避費用が高くなる．そして，それは結果的に老年期の可処分所得を減じることを意味する．したがって，今期と次期の消費をどう分配するか，という問題に加えて，汚染水準をどこまで許容し，どの程度の回避費用を支払うかという点も踏まえて，最大化問題を解くことになる．

また，各世代には n 人の消費者が存在しているが，すべて同質な消費者であることを想定している．これは，各消費者が自発的に望ましい環境メンテナンスを行うことを要請するためである．仮に，異質な消費者であるとすると，各消費者は他の消費者の行動を予測した上で，自らの行動を変えるというゲーム的な行動を考える必要が生じる．そのような状況も検討が必要であるが，本研究においては，あくまでも消費者は同質で，したがって全員が対称的な行動をとる状況に限定して分析する．

次に，企業の問題を記述する．企業には，その生産に応じて τ_p（た

だし，$\tau_p < 1$ とする）の課税がなされている[21]．したがって，代表的企業の問題は

$$\max_{k_t} \quad (1-\tau_p)f(k_t) - w_t - (r_t+\delta)k_t \tag{2.24}$$

のように書ける．そして，企業の最大化問題を解くことで，利子率 r_t と賃金 w_t は資本 k_t の関数として，

$$r_t := r(k_t) = (1-\tau_p)f'(k_t) - \delta, \tag{2.25}$$

$$w_t := w(k_t) = (1-\tau_p)\{f(k_t) - f'(k_t)k_t\} \tag{2.26}$$

と書ける．

さらに，政府の予算制約は

$$\tau_y + \tau_o + \tau_p f(k_t) = 0. \tag{2.27}$$

となる．ここで，(2.27) 式の右辺が 0 となっている点は注意が必要である．すなわち，この経済では，政府が集めた税金によって汚染削減のための政策を実施する，という状況を想定していない．あくまで，各消費者が自発的に供出するメンテナンス m_t によってのみ環境改善がなされることを仮定している．したがって，集められた税金はすべて補助金として，移転されている．

しかしながら，大規模な公害など，政府が対処する必要のある種類の環境汚染も考えられ，そのような問題を扱う際には，政府によるメンテナンスも考えるべきである．ここで，そういった状況を考えない理由の一つは，前述したように，消費者がゲーム的な行動を取らないという前提のためである．税金によるメンテナンスがある場合には，消費

---

[21] $\tau_p > 1$ とすると，生産したもの以上を税金として徴収されることになってしまうので，これは排除する．また，$\tau_p < 0$ のときは，生産に応じて企業に対する補助金が行われることを意味するが，後で計算するように，この経済においては，パラメータに関する制約上起こりえない．

者はそれを織り込んだ上で行動を決定することになるので，フリーライドする可能性が出てくる．そのような状況を回避する意味でも，ここでは政府によるメンテナンスを排除しておく．

このような設定の下，競争均衡の1階の必要条件を求める．まず，消費者の問題 (2.22) と (2.23) から Lagrange 関数 L を次のように定義する．ここで，$\lambda_1, \lambda_2 \in \mathbb{R}_+$ および $\lambda_3 \in \mathbb{R}$ は Lagrange 乗数である．

$$L := u(c_{1,t}) + \frac{1}{1+\theta} u(c_{2,t+1})$$

$$- \lambda_1 \{w_t - \tau_y - c_{1,t} - s_t - m_t\}$$

$$- \lambda_2 \{(1+r_{t+1})s_t - \tau_o - c_{2,t+1} - h(P_{t+1})\}$$

$$- \lambda_3 \{P_{t+1} - (1-\alpha)P_t - \beta f(k_k)n + \gamma g(m_k)n\}.$$

これを $c_{1,t}, c_{2,t+1}, s_t, m_t,$ および P_{t+1} で微分し，整理することで以下を得る．

$$(1+\theta)u'(c_{1,t}) = (1+r_{t+1})u'(c_{2,t+1}),$$

$$1+r_{t+1} = \gamma g'(m_t)h'(P_{t+1})n.$$

よって，企業の利潤最大化条件，市場均衡の条件等と合わせて，競争均衡配分が定常状態になるとの仮定の下で，以下の定常競争均衡配分の1階の必要条件を得る．

命題 2. 定常競争均衡配分 $(c_1, c_2, k, m, P, w, r)$ は以下の条件を満足する：

$$(1+\theta)u'(c_1) = (1+r)u'(c_2), \tag{2.28}$$

$$1+r = \gamma g'(m)h'(P)n, \tag{2.29}$$

$$c_1 + s + m = w - \tau_y, \tag{2.30}$$

$$c_2 + h(P) = (1+r)s - \tau_o, \tag{2.31}$$

$$r = (1-\tau_p)f'(k) - \delta, \tag{2.32}$$

$$w = (1-\tau_p)\{f(k) - f'(k)k\}, \tag{2.33}$$

$$s = k, \tag{2.34}$$

$$P = \frac{n}{\alpha}\{\beta f(k) - \gamma g(m)\}. \tag{2.35}$$

命題 2 の必要条件のうち，(2.28)–(2.31) 式は消費者の条件で，(2.28) 式は若年期と老年期の消費の配分についての条件で，(2.29) 式は老年期の消費と環境メンテナンスとの配分についての条件である．また，(2.30) 式と (2.31) 式はそれぞれ若年期，老年期の予算制約を表す．課税がなされていない場合の定常競争均衡における条件と見比べてみると，消費者の条件の内資産の配分についての条件 (2.28) 式および (2.29) 式は変わっていないことがわかる．すなわち，消費者に課されている税金は，一括税（または一括補助金）であり，あくまで，その可処分所得の増加（または減少）をもたらすものの，若年，老年期の消費のバランス，あるいは，消費とメンテナンスとのバランスに対して影響を及ぼしていないということを意味している．

一方で，企業の生産活動に対しては影響を及ぼしている．企業に対する課税のある場合 (w^1, r^1) とない場合 (w^2, r^2) とを比較すると，賃金の比は $w^1/w^2 = 1 - \tau_p$, また，利子率の比は $r^1/r^2 = (1-\tau_p) - \frac{\tau_p \delta}{f'(k)-\delta}$ となっている．したがって，$\tau_p > 0$ のとき，$r^1/r^2 < 1-\tau_p$ であり，利子率が賃金に比べ相対的に小さくなっている．他方，$\tau_p < 0$ のとき，$r^1/r^2 > 1-\tau_p$ で，このときは利子率が賃金に比べ相対的に大きくなっている．このように，企業の生産に対する課税は，企業の資源配分のに対して，ゆがみを生じさせている．

本稿においては，課税によって，最適状態を達成することを考えている．そこで，税体系 (τ_p, τ_y, τ_o) によって，最適状態を達成できたと仮定し，その税率を計算してみる．税体系 (τ_p, τ_y, τ_o) の下で最適状態が達成できているとすると，それは黄金律配分と同水準の配分が命題2の条件を満足するということを意味する．また，社会計画者の問題には，労働所得 w_t と利子率 r_t は現れないので，黄金律配分が実現しているときの労働所得および利子率を，それぞれ w^G, r^G と書くことにする．すると，配分 $(c_1^G, c_2^G, k^G, m^G, P^G, w^G, r^G)$ は命題2の条件 (2.28)–(2.35) 式を満たしていることになる．あらためて，その条件を書くと，

$$(1+\theta)u'(c_1^G) = (1+r^G)u'(c_2^G), \tag{2.36}$$

$$1+r^G = \gamma g'(m^G)h'(P^G)n, \tag{2.37}$$

$$c_1^G + s^G + m^G = w^G - \tau_y, \tag{2.38}$$

$$c_2^G + h(P^G) = (1+r^G)s^G - \tau_o, \tag{2.39}$$

$$r^G = (1-\tau_p)f'(k^G) - \delta, \tag{2.40}$$

$$w^G = (1-\tau_p)\{f(k^G) - f'(k^G)k^G\}, \tag{2.41}$$

$$s^G = k^G, \tag{2.42}$$

$$P^G = \frac{n}{\alpha}\left\{\beta f(k^G) - \gamma g(m^G)\right\}. \tag{2.43}$$

となる．

このとき，税がどのように機能しているかをみてみる．(2.40) 式と (2.41) 式から，τ_p の影響で企業の資本と労働の投入比率が崩れていることがわかる．これは，r^G を通じて，資本蓄積，すなわち若年世代の貯蓄に対しても影響する．そして，その影響を τ_y によって修正し，ま

た，τ_o によって，若年世代と老年世代との間のバランスを取っている．

これらの条件と，黄金律配分の必要条件 (2.7)–(2.11) 式を比較し，(τ_p, τ_y, τ_o) を得る．まず，(2.7) 式と (2.36) 式が一致している必要がある．よって，それぞれの右辺を比べることで，$r^G = 0$ が必要である[22]．(2.40) 式より，

$$1 - \tau_p = \frac{\delta}{f'(k^G)}$$

ここで，(2.8) 式より $f'(k^G)$ を代入して，

$$\tau_p = 1 - \frac{\delta}{f'(k^G)}$$

$$= 1 - \{1 - \frac{\beta}{\gamma g'(m^G)}\}$$

$$= \frac{\beta}{\gamma g'(m^G)}.$$

また，(2.9) 式より，$\frac{1}{\gamma g'(m^G)} = \frac{h'(P^G)n}{\alpha}$ を用いて書くと，

$$\tau_p = \frac{\beta}{\gamma g'(m^G)} = \frac{\beta h'(P^G)n}{\alpha}$$

のように書ける．また，(2.9) 式と (2.37) 式から，$\alpha = 1$ であることが必要であり，したがって，

$$\tau_p = \beta h'(P^G)n$$

である．さらに，実現可能性の条件から τ_y, τ_o はただちに得られる．

$$\tau_y = w^G - c_1^G - s^G - m^G$$

---

[22]Gutiérrez (2008) においては，利子率は人口増加率と一致している必要があるとしている．

$$= f(k^G) - f'(k^G)k^G - c_1^G - k^G - m^G,$$

$$\tau_o = (1+r^G)s^G - c_2^G - h(P^G)$$

$$= k^G - c_2^G - h(P^G).$$

したがって，これらをまとめると，以下のようになる．

命題 3. 定常競争均衡配分は以下の税体系 (τ_p, τ_y, τ_o) の下で，黄金律配分の水準を達成できる：

$$\tau_p = \beta h'(P^G)n, \tag{2.44}$$

$$\tau_y = f(k^G) - f'(k^G)k^G - c_1^G - k^G - m^G, \tag{2.45}$$

$$\tau_o = k^G - c_2^G - h(P^G). \tag{2.46}$$

ここで，関数形を特定化し，定常競争均衡配分および税体系を具体的に計算してみる．

例 1. 以下のように関数を定める：$u(c_{i,t}) = \log c_{i,t}$, $f(k_t) = Ak_t^{\mu}$, $h(P_t) = \xi P_t$, および $g(m_t) = \sqrt{m_t}$. ただし，$i = 1, 2, A > 0$, $\mu \in (0,1)$, $\xi > 0$ とする．

黄金律配分，定常競争均衡配分の必要条件 (2.7)–(2.11) 式と (2.36)–(2.43) 式から計算することで，以下が得られる[23]．

$$c_1^G = \frac{1+\theta}{2+\theta} \left\{ \frac{1-\mu}{\mu} \delta \left[\frac{\delta}{A\mu(1-\beta\xi n)} \right]^{\frac{1}{\mu-1}} + \frac{\gamma^2 \xi^2 n^2}{4} \right\},$$

$$c_2^G = \frac{1}{2+\theta} \left\{ \frac{1-\mu}{\mu} \delta \left[\frac{\delta}{A\mu(1-\beta\xi n)} \right]^{\frac{1}{\mu-1}} + \frac{\gamma^2 \xi^2 n^2}{4} \right\},$$

---

[23] 煩雑になるため，詳細な計算は省略し，手順のみ記す．前述したように $\alpha = 1$ であることと，(2.8) 式と (2.9) 式から k^G を，また，(2.9) 式から m^G を得る．これを (2.11) 式あるいは (2.43) 式に代入し P^G を得る．w^G は (2.41) 式から，また，r^G は前述したように定まる．c_1^G と c_2^G は (2.7) 式と (2.10) 式から求まる．

$$k^G = \left[\frac{\delta}{A\mu(1-\beta\xi n)}\right]^{\frac{1}{\mu-1}},$$

$$m^G = \frac{\gamma^2 \xi^2 n^2}{4},$$

$$P^G = n\left\{A\beta\left[\frac{\delta}{A\mu(1-\beta\xi n)}\right]^{\frac{\mu}{\mu-1}} - \frac{\gamma^2 \xi n}{2}\right\},$$

$$w^G = \frac{1-\mu}{\mu}\delta\left[\frac{\delta}{A\mu(1-\beta\xi n)}\right]^{\frac{1}{\mu-1}},$$

$$r^G = 0.$$

さらに，これらの配分を実現する税体系を計算すると[24]，

$$\tau_p = \beta\xi n,$$

$$\tau_y = \left\{\frac{1}{2+\theta}\cdot\frac{1-\mu}{\mu}\delta - 1\right\}\left[\frac{\delta}{A\mu(1-\beta\xi n)}\right]^{\frac{1}{\mu-1}} - \frac{3+2\theta}{2+\theta}\cdot\frac{\gamma^2\xi^2 n^2}{4},$$

$$\tau_o = \left\{1 - \frac{1}{2+\theta}\cdot\frac{1-\mu}{\mu}\delta - \frac{\beta\xi n\delta}{\mu(1-\beta\xi n)}\right\}\left[\frac{\delta}{A\mu(1-\beta\xi n)}\right]^{\frac{1}{\mu-1}}$$

$$+ \frac{3+2\theta}{2+\theta}\cdot\frac{\gamma^2\xi^2 n^2}{4}.$$

が得られる．ここで，τ_p は企業の生産に対する課税であること，また，パラメータ β，ξ，n が正値であることから，$0 < \tau_p = \beta\xi n < 1$ である．また，前述したように，この経済においては，徴収された税金はすべて補助金として消費者に移転されるため，消費者に対する一括税 τ_y，τ_o のいずれか，または両方が負となる．

---

[24]命題 3 の式に，黄金律配分を代入し整理する．

τ_o を書き直すと,

$$\tau_o = \left\{1 - \frac{1}{2+\theta} \cdot \frac{1-\mu}{\mu}\delta\right\}\left[\frac{\delta}{A\mu(1-\beta\xi n)}\right]^{\frac{1}{\mu-1}} - \frac{\beta\xi n\delta}{\mu(1-\beta\xi n)}\left[\frac{\delta}{A\mu(1-\beta\xi n)}\right]^{\frac{1}{\mu-1}}$$

$$+ \frac{3+2\theta}{2+\theta} \cdot \frac{\gamma^2\xi^2 n^2}{4} = -\tau_y - \frac{\beta\xi n\delta}{\mu(1-\beta\xi n)}\left[\frac{\delta}{A\mu(1-\beta\xi n)}\right]^{\frac{1}{\mu-1}}$$

となり,ここで $B := -\frac{\beta\xi n\delta}{\mu(1-\beta\xi n)}\left[\frac{\delta}{A\mu(1-\beta\xi n)}\right]^{\frac{1}{\mu-1}}$ とすると,$\tau_o = -\tau_y + B$ と書け,その正負は,B の符号と,$|\tau_y|$ および $|B|$ の大小関係によって,決まる.$\beta\xi n = \tau_p$ なので,$\beta\xi n < 1$ であり,常に $B < 0$ である.したがって,τ_y と τ_o について,次の系1が得られる.

系1. $(i)\tau_y > 0$ のとき,$\tau_o < 0$ となる.また,$(ii)\tau_y < 0$ のとき,
- $|\tau_y| > |B|$ ならば,$\tau_o > 0$ となる.
- $|\tau_y| < |B|$ ならば,$\tau_o < 0$ となる.

この経済においては,税金によるメンテナンスは想定しておらず,徴収された税金はすべて補助金として分配されることを仮定している.したがって,$\tau_y > 0$ のときは,企業と若年世代から税を徴収し,それを老年世代に補助金として移転している.また,$\tau_y < 0$ のときは,その税率によって,企業と老年世代から徴収した税を若年世代が受け取る場合と,企業から徴収した税を若年世代と老年世代の双方が補助金として受け取る場合の両方が考えられる.

2.2.5 競争均衡と税体系 (2)

次に,税体系 (τ_w, τ_k, σ) が課されている経済を考える.τ_w は若年世代の賃金所得に対する課税で,τ_k は老年世代の資産に対する課税であ

る[25]. また, σ は老年世代に対する補助金 σ として移転される.

このときの各経済主体の問題を記述する. まず, 消費者の問題は

$$\max_{c_{1,t},c_{2,t+1},s_t,m_t,P_{t+1}} u(c_{1,t}) + \frac{1}{1+\theta} u(c_{2,t+1}), \tag{2.47}$$

s.t. $c_{1,t} + s_t + m_t \leq (1-\tau_w)w_t,$

$$c_{2,t+1} + h(P_{t+1}) \leq (1-\tau_k)(1+r_{t+1})s_t + \sigma, \tag{2.48}$$

$$P_{t+1} = (1-\alpha)P_t + \beta f(k_t)n - \gamma g(m_t)n.$$

のように書ける.

第 t 期の消費者は, 若年期および老年期の経済状況, すなわち, 賃金所得 w_t, 利子率 r_{t+1}, 税, 補助金 τ_w, τ_k, σ, 環境質 P_t を所与として自らの行動を決定する. 環境の動学式のうち, 第 t 世代の消費者にとって, t 期の環境質, および t 期の企業活動から排出される汚染は操作不可能な変数で, 自身のメンテナンスを変えることにより次期の環境質 P_{t+1} に関与する. この点, 社会計画者が資本蓄積, 環境質の推移すべてを操作して最適な状態を得ていたのに比して, 消費者の行動は限定されている.

次に, 代表的企業の問題を記述する. 企業に対する課税はなされていないので, 通常の利潤最大化問題と同じく

$$\max_{k_t} f(k_t) - w_t - (r_t+\delta)k_t \tag{2.49}$$

と書ける. そして, 企業の利潤最大化問題を解くことで, 利子率 r_t と賃金 w_t は資本 k_t の関数として,

$$r_t := r(k_t) = f'(k_t) - \delta, \tag{2.50}$$

---

[25] (2.48) 式にあるように, 老年世代の利子所得に対してではなく, 保有する資産に対する課税である.

$$w_t := w(k_t) = f(k_t) - f'(k_t)k_t \tag{2.51}$$

を得る．

また，政府の予算制約は

$$w_t \tau_w + (1+r_t)s_{t-1}\tau_k - \sigma = 0. \tag{2.52}$$

となる．前節における設定と同様，ここでも政府が環境メンテナンスを行うことは考えない．前節においては，税の移転先は，税率の正負によっていたが，ここでは集めた税金をすべて老年世代に対する補助金として，移転している[26]．

前節と同様に，定常競争均衡の 1 階の必要条件を求める．まず，消費者の問題 (2.47) と (2.48) から Lagrange 関数 L を定義する．ここで，$\lambda_1, \lambda_2 \in \mathbb{R}_+$ および $\lambda_3 \in \mathbb{R}$ は Lagrange 乗数である．

$$\begin{aligned} L := & u(c_{1,t}) + \frac{1}{1+\theta}u(c_{2,t+1}) \\ & - \lambda_1\{(1-\tau_w)w_t - c_{1,t} - s_t - m_t\} \\ & - \lambda_2\{(1-\tau_k)(1+r_{t+1})s_t + \sigma - c_{2,t+1} - h(P_{t+1})\} \\ & - \lambda_3\{P_{t+1} - (1-\alpha)P_t - \beta f(k_k)n + \gamma g(m_k)n\}. \end{aligned}$$

そして，これを $c_{1,t}, c_{2,t+1}, s_t, m_t$, および P_{t+1} で微分し，整理することで消費者の必要条件を得る．

$$(1+\theta)u'(c_{1,t}) = (1-\tau_k)(1+r_{t+1})u'(c_{2,t+1}),$$

$$(1-\tau_k)(1+r_{t+1}) = \gamma g'(m_t)h'(P_{t+1})n.$$

---

[26] ここでも税率によっては，たとえば老年世代への課税を高くし，一方，若年世代への課税を負にするなど極端な税率を設定すれば，若年世代への移転とすることは可能であるが，税率を $\tau_w, \tau_k \in (0,1)$ にする限り，そのような状況にはなり得ない．

よって，企業の利潤最大化条件，市場均衡の条件，環境質の動学式等から，定常競争均衡配分 $(c_1, c_2, k, m, P, w, r)$ の必要条件が得られる．

命題 4. 定常競争均衡配分 $(c_1, c_2, k, m, P, w, r)$ は以下の条件を満足する：

$$(1+\theta)u'(c_1) = (1-\tau_k)(1+r)u'(c_2), \tag{2.53}$$

$$(1-\tau_k)(1+r) = \gamma g'(m) h'(P) n, \tag{2.54}$$

$$c_1 + s + m = (1-\tau_w)w, \tag{2.55}$$

$$c_2 + h(P) = (1-\tau_k)(1+r)s + \sigma, \tag{2.56}$$

$$r = f'(k) - \delta, \tag{2.57}$$

$$w = f(k) - f'(k)k, \tag{2.58}$$

$$s = k, \tag{2.59}$$

$$P = \frac{n}{\alpha}\{\beta f(k) - \gamma g(m)\}. \tag{2.60}$$

命題4の条件の内，(2.53) 式と (2.54) 式は消費者の行動についての条件で，それぞれ若年期と老年期の消費をどのように配分するか，また，消費と環境メンテナンスとにどう分けるか，という条件である．(2.55) 式および (2.56) 式は若年期，老年期の予算制約である．(2.57) 式と (2.58) 式は企業の利潤最大化の条件で，資本と労働の投入量を決定する条件である．また，(2.59) 式は資本市場の均衡条件，(2.60) 式は環境質の状態を表す式である．

ここでは，税体系 (τ_w, τ_k, σ) の下で，最適状態を達成することを考えている．そこで，この税体系の下で，最適状態が達成出来たとして，それがどのような税率であるかを求める．

まず，税体系 (τ_w, τ_k, σ) の下で最適状態が達成できているとすると，それは黄金律配分と同水準の配分が命題 4 の条件を満足するということを意味する．また，社会計画者の問題には，労働所得 w_t と利子率 r_t は現れないが，黄金律配分が実現しているときの労働所得および利子率を，それぞれ w^G, r^G と書くことにする．すると，配分 $(c_1^G, c_2^G, k^G, m^G, P^G, w^G, r^G)$ は命題 4 の条件 (2.53)–(2.60) 式を満たしていることになる．

改めて書くと，

$$(1+\theta)u'(c_1^G) = (1-\tau_k)(1+r^G)u'(c_2^G), \qquad (2.61)$$

$$(1-\tau_k)(1+r^G) = \gamma g'(m^G)h'(P^G)n, \qquad (2.62)$$

$$c_1^G + s^G + m^G = (1-\tau_w)w^G, \qquad (2.63)$$

$$c_2^G + h(P^G) = (1-\tau_k)(1+r^G)s^G + \sigma, \qquad (2.64)$$

$$r^G = f'(k^G) - \delta, \qquad (2.65)$$

$$w^G = f(k^G) - f'(k^G)k^G, \qquad (2.66)$$

$$s^G = k^G, \qquad (2.67)$$

$$P^G = \frac{n}{\alpha}\{\beta f(k^G) - \gamma g(m^G)\} \qquad (2.68)$$

が成立している．

税体系 (1) と同様に，各税の機能をみる．(2.61) 式と (2.62) 式から，τ_k は若年，老年世代間の資源配分と資本と環境メンテナンスとの配分の比率に影響していることがわかる．それと同時に，若年，老年世代の予算制約に間接，直接に影響している．これに対処するため，若年世代の τ_w と老年世代の σ が機能している．

これらの条件と，黄金律配分の必要条件から税体系 (τ_w, τ_k, σ) について，以下が成り立つ．

命題 5. 定常競争均衡配分は以下の税体系 (τ_w, τ_k, σ) の下で，黄金律配分の水準を達成できる：

$$\tau_w = 1 - \frac{c_1^G + s^G + m^G}{f(k^G) - f'(k^G)k^G}, \tag{2.69}$$

$$\tau_k = \frac{\beta\delta}{\gamma g'(m^G) - \beta(1-\delta)}, \tag{2.70}$$

$$\sigma = c_2^G + h(P^G) - k^G. \tag{2.71}$$

税体系 (1) と同様，関数形を特定化し，具体的に計算してみる．

例 2. 以下のように関数を定める：$u(c_{i,t}) = \log c_{i,t}$, $f(k_t) = Ak_t^\mu$, $h(P_t) = \xi P_t$, および $g(m_t) = \sqrt{m_t}$. ただし，$i = 1, 2$, $A > 0$, $\mu \in (0, 1)$, $\xi > 0$ とする．

この税体系 (2) の下で実現する黄金律配分については，税体系 (1) と同水準であるので省略し，税率のみを求める[27]．

$$\tau_w = \frac{(1-\mu)\delta - \mu(2+\theta)}{2+\theta} - \frac{3+2\theta}{2+\theta} \cdot \frac{\gamma^2\xi^2 n^2}{4} \cdot \frac{\mu}{1-\mu} \cdot \frac{1}{\delta}\left[\frac{\delta}{A\mu(1-\beta\xi n)}\right]^{\frac{1}{1-\mu}},$$

$$\tau_k = \frac{\beta\xi n\delta}{1-\beta\xi n(1-\delta)},$$

$$\sigma = \left\{\frac{1}{2+\theta} \cdot \frac{1-\mu}{\mu}\delta + \frac{\beta\xi n\delta}{\mu(1-\beta\xi n)} - 1\right\}\left[\frac{\delta}{A\mu(1-\beta\xi n)}\right]^{\frac{1}{\mu-1}} - \frac{3+2\theta}{2+\theta} \cdot \frac{\gamma^2\xi^2 n^2}{4}.$$

例 1 と例 2 で具体的な形で求めた税体系 (1) と (2) を比較する．若年世代に対する課税である τ_y と τ_w は，τ_y が一括税であるのに対して，

---

[27]税体系 (1) と同じく，命題 5 の τ_w, τ_k, σ に黄金律配分を代入し，整理する．

τ_w は税率であるため，見かけ上は異なっているが，税額に直してみると，$\tau_y = \tau_w w^G$ が成立することが確認できる．また，老年世代についても，$\tau_o = -\sigma$ となっており，それぞれ一括税，一括補助金であることを踏まえると，やはり同額の税，ないしは補助金が課されていることがみて取れる．

生産資本に対しての課税も $\tau_k = \dfrac{\beta \xi \delta}{1 - \beta \xi n(1-\delta)} = \dfrac{\tau_p \delta}{1 - \tau_p(1-\delta)}$ と書くことができるので，老年世代が貯蓄を通じて，資本，つまりは企業を保有していると考えることで，これも生産主体に対する課税として理解できる．

2.2.6 経済厚生について

本章と先行研究である Gutiérrez (2008) との大きな違いは，消費者によるメンテナンスの有無である[28]．消費者の選択肢にメンテナンスという，汚染を削減する手段を与えることがどのような意味を持つのか．それは経済厚生の改善につながるのか．以下，両者のモデルを比較しつつ，メンテナンスの影響について検討する．

まず，改めて，メンテナンスの有無が汚染の蓄積にどう影響するかを確認する．Gutiérrez (2008) では，汚染削減を意図した場合，それは，次期の生産に用いられる貯蓄を減らし，その分を今期の内に消費する，という行動を意味した．それは次期の生産が減り，すなわち，汚染が減る[29]ことで，老年期に支払うべき健康費用が減ることにつながる．こ

---

[28]他にも，人口変動の有無，経済活動と汚染の蓄積のラグなど，異なる点はある．しかし，人口については，公共財的側面をもつ汚染を一人当たり水準で評価することの妥当性に疑問があるため，行わない．また，汚染の遷移のラグについても，どちらのモデルも定常状態での評価を行っているため，ラグの影響は見えなくなっている．よって，ここではメンテナンスの効果についてのみ言及する．

[29]本稿のモデルでは，前期からの残存する汚染，今期の生産，メンテナンスはすべて次期のその影響が表れることを仮定していたが，Gutiérrez (2008) のモデルでは，前期からの残存分を除き，生産の影響はただちに現れる，としていたことに注意が必要である．

れは老年期の可処分所得の増加を意味する．同時に，生産の減少は老年期における利子収入の減少も意味する．こちらは老年期の可処分所得の減少を意味する．さらに，減らした貯蓄は，今期の消費の増加につながっている．このように Gutiérrez (2008) のモデルにおいて，汚染を削減することは，消費の増加，減少両方の可能性を持つ．したがって，最終的に経済厚生が改善するかどうかは，生産関数，あるいは健康費用関数の形状，すなわち，念頭に置いている経済，環境問題の種類によってくる．

では，本章のように，メンテナンスという選択肢がある場合はどうだろうか．メンテナンスを行うことは，次期の環境汚染を減ずることができる．それは，次期の回避費用支出を減らし，可処分所得の増加を意味する．それと同時に，若年期にメンテナンスを行うことは，限られた予算制約の中から，消費，あるいは貯蓄ではなく，メンテナンスへと資産を振り分けることを意味し，それは，次期の生産，あるいは今期の消費が減少することを意味している．前述した Gutiérrez (2008) のモデルと同様，メンテナンスが厚生の改善につながるかどうかは，生産関数や回避費用関数，加えて，メンテナンス関数の関数形等，経済を構成する要素に依存する．

それでは，本書のモデルでメンテナンスの影響を考えてみる．メンテナンスがあるモデルとないモデルで比較すると，その違いは若年世代の予算制約と，環境汚染の遷移式にメンテナンス m_t が入ることと，メンテナンス m_t についての制約が加わることである．つまり，メンテナンスがないモデルでは，$m_t = 0$ という制約であるのに対し，メンテナンスがあるモデルでは，$m_t \geq 0$ という制約が課されているというように解釈できる．これは，数学的には，前者に比べて後者の方が最大化問題の制約条件が緩くなっていることを意味している．したがって，メンテナンスがあるモデルの方がないモデルと同じか，より大きな値が得られることがわかる．

2.3 まとめ

本章の主たる目的は，適切な税体系を課すことによって，社会計画者による最適配分（黄金律配分）を競争均衡の下で実現することである．その点，税体系 (1) あるいは (2) で，それが可能であることを具体的に示した．税体系 (1) では，企業の生産に対する課税，また，若年，老年世代の消費者に対する一括税 (τ_p, τ_y, τ_o) という 3 種類の税を組み合わせて用いている．一方，税体系 (2) では，若年世代の労働所得，老年世代の保有資産に対する課税と，老年世代に対しての補助金 (τ_w, τ_k, σ) という 3 種類の税，補助金を用いている．

このように，どちらも 3 種類の税，補助金を組み合わせることで最適状態を達成している．これは，資本と環境汚染という 2 種類の財が蓄積していることに由来すると解釈できる．すなわち，2 種類の財についての限界条件を整えること，そして，全体の予算の調整にもう一つの税を用いている，と理解できる．

また，税体系 (1) と (2) では，経済主体にとって，直面する問題が異なっているものの，関数形を定めて具体的に計算して見たように，どれぞれの税体系において，若年，老年世代の消費者が負担する税額は変わらない，という結果も得られた．

この経済において汚染の発生源となるのは企業の生産活動であるが，その点，税体系 (1) は汚染源である企業から消費者への移転という従来からの環境税の性格を有しているのに対し，税体系 (2) では企業に対する課税ではなく，消費者に対する課税，および補助金によっても，税体系 (1) と同じく，最適状態を達成することができた．

これら 2 つの結果は，政策当局が最適状態を達成しようとする際に，どのような制度設計を行うかという点で興味深い結果であると考えられる．すなわち，各経済主体の負担，あるいは不満を小さくするよう

な税体系を考えることが可能であることを示唆している．

次に，先行研究である Gutiérrez (2008) との差異についても述べる．Gutiérrez (2008) においては，貯蓄（資本蓄積）を増減することで生産，ひいては消費と汚染水準を調整し，効用の最大化を行っていた．それに対して，本稿では，資本蓄積とメンテナンスの 2 変数を操作することで効用最大化を行っている．そして，メンテナンスという選択肢を付け加えることで経済厚生の改善が期待できる．

第3章 いくつかの議論とまとめ

　ここでは，本文中では触れなかったものの，重要だと考えられる研究について，研究の今後の発展，方向性として，簡単に紹介する．また，本書全体についてのまとめを行う．

　まず，定常均衡の存在について述べる．本書では，社会計画者の問題の解として得られる定常均衡を，黄金律配分として定義した．そして，その配分を競争均衡配分で実現することを目指し，それを実現するための税体系を分析した．その際，目標である黄金律配分が存在するか否かについては，特に言及せず，存在するという前提のもと，分析を行った．しかしながら，関数形やパラメータなどの取り方によっては，必ずしもその存在は保証されない．本書の議論が机上の空論となるのを避けるためにも，解の存在についてきちんと議論をする必要があるだろう．

　本書においても，また，関連文献として挙げた先行研究の多くにおいても，消費者が他者のメンテナンス行動を考慮し，自らの行動を選択する，という状況は排除している．しかしながら，現実の経済をみると，この仮定は必ずしも成り立ってはいない．温暖化問題を例に挙げるならば，一部の国，あるいは地域が温室効果ガスの排出削減を目指す一方で，削減をまったく行わない国もある．こういった状況を分析するため，消費者が他者の行動を踏まえゲーム的に行動するモデルを考える必要があるだろう．

　また，本書と比較的近い発想によるモデルについても紹介する．すなわち，本書，またGutiérrez (2008)では，環境が消費者の予算制約を

通じて，回避費用，あるいは，健康費用の支払いを要するというモデル化を行った．それに対し，以下では，消費者の（特に老年期の）寿命に影響を及ぼすというモデルを2つ挙げる．1つめに紹介するのは，環境水準に依存して老年期の長さが決まる，というタイプの定式化である．ここで，消費者は老年期の長さも考慮し，どれだけ環境メンテナンスを行い，どれだけ消費するのか，という意志決定を行う．2つめは，寿命が確率的に決まるという定式化である．3期間のモデルを考え，2期目から3期目へと移る際に，生存確率によって，3期目があるかどうかが決定するというモデルである．

3.1 議論：今後の研究について

3.1.1 定常均衡の存在

本稿においては，社会計画者の問題を解くことによって導かれる黄金律配分をベンチマークとして，何らかの税体系を課すことで，競争均衡として黄金律配分を実現することが可能であることをみてきた．そこでは，黄金律配分，すなわち定常均衡が存在することは暗黙の内に仮定し議論してきたが，どのような条件の下で黄金律配分が存在するのか．この点を確認しておく必要があるだろう．

世代重複モデルにおける定常均衡の存在を議論した文献はいくつかあるが，代表的なものとして Galor and Ryder (1989) や Konishi and Perrera-Tallo (1997) などがある．ここでは，Galor and Ryder (1989) のモデルに環境，あるいはメンテナンスを導入し，拡張することで均衡の存在を示す方法を考えたい．以下，簡単にそのアイディアを示す．そのために，まず Galor and Ryder (1989) の議論を簡単に紹介しておく．

Galor and Ryder (1989) について

Galor and Ryder (1989) の基本的なモデルは，人口の変動や，環境という要素の有無を除けば，本書のモデルとよく似ている．第 t 世代の人口 L_t は一定の割合 n で変動する $(L_{t+1} = (1+n)L_t)$．彼らは若年期には労働し，賃金 w_t を得る．そして，それを消費 $c_{1,t}$ と貯蓄 s_t に分ける．老年期には前期の貯蓄 $(1+r_{t+1}-\delta)s_t$ を元に消費 $c_{2,t+1}$ を行う．消費者の効用関数は $u(c_{1,t}, c_{2,t+1})$ で，これを最大化するよう行動する．消費者の予算制約は

$$c_{1,t} + s_t \leq w_t, \quad \text{および} \quad c_{2,t+1} \leq (1+r_{t+1}-\delta)s_t,$$

と書ける．このとき，消費者にとって，賃金 w_t と利子率 r_{t+1} は所与である．$c_{1,t} = w_t - s_t =: c^1(s_t)$，また，$c_{2,t+1} = (1+r_{t+1}-\delta)s_t =: c^2(s_t)$ とみると，$u(c_{1,t}, c_{2,t+1})$ を最大化する $c_{1,t}$ および $c_{2,t+1}$ を選ぶ問題は，すなわち s_t を選ぶ問題と解釈できる．また，消費者は賃金 w_t と次期の利子率 r_{t+1} を所与として s_t を選んでいるので，s_t は w_t と r_{t+1} の関数であるといえる．すなわち，$s_t = s(w_t, r_{t+1})$ である．

また，企業の利潤最大化問題を解くことで，

$$w_t = f(k_t) - k_t f'(k_t) =: w(k_t), \quad \text{および} \quad r_t = f'(k_t) =: r(k_t)$$

が得られ，w_t と r_t はともに資本 k_t の関数であることがわかる．

さらに，資本市場の均衡条件 $L_t s_t = L_{t+1} k_{t+1}$ とあわせて[30]，

$$k_{t+1} = \frac{s_t}{1+n} = \frac{s[w_t, r_{t+1}]}{1+n} = \frac{s[f(k_t) - k_t f'(k_t), f'(k_{t+1})]}{1+n}$$

と書ける．

その上で，Galor and Ryder (1989) では，$k_{t+1} = \phi(k_t)$ と書けるための貯蓄関数 s の条件を調べている[31]．すなわち，貯蓄関数 s に適切な

---

[30] $L_{t+1} = (1+n)L_t$ から L_t を消去して整理する．

[31] Galor and Ryder (1989) Lemma 1 参照．

仮定を課しておくと[32]，$t+1$ 期の資本 k_{t+1} が $k_{t+1} = \phi(k_t)$ のように，t 期の資本の関数として書ける．すると，w_t と r_t が k_t の関数で書くことができ，したがって，$c_{1,t}$ と $c_{2,t+1}$ も k_t の関数として書ける．すると，この経済の均衡における配分 $(c_{1,t}, c_{2,t+1}, k_t, w_t, r_t)$ はすべて k_t の列で表現できることになる．Galor and Ryder (1989) においては，定常均衡を定義し，それが一意に存在するための条件，あるいは安定性について議論している．

本書における均衡解の存在について

では，このモデルに環境，つまり汚染と，メンテナンスを導入する．まず，汚染の動学式については，

$$P_{t+1} = (1-\alpha)P_t + \beta f(k_t)n - \gamma g(m_t)n$$

$$=: e(k_t, m_t),$$

と書け，第 1 期の資本 k_1 と汚染 P_1 が与えられれば，あとは資本 k_t とメンテナンス m_t の列によって定まる．

企業の問題については，前述したものと同様で，

$$w_t = f(k_t) - k_t f'(k_t) =: w(k_t), \quad \text{and} \quad r_t = f'(k_t) =: r(k_t)$$

と書け，賃金 w_t と利子率 r_t は，どちらも資本 k_t の関数として書ける．

消費者の行動に関しては，

$$c_{1,t} = w_t - s_t - m_t$$

$$= f(k_t) - k_t f'(k_t) - (1+n)k_t - m_t$$

$$=: c^1(k_t, k_{t+1}, m_t),$$

$$c_{2,t+1} = (1 + r_{t+1} - \delta)s_t - h(P_{t+1})$$

---

[32] 任意の r_{t+1} に対して，$\partial s[w_t, r_{t+1}]/\partial r_{t+1} > 0$．

$$= (1+f'(k_{t+1})-\delta)(1+n)k_{t+1} - h(e(k_t, m_t))$$

$$=: c^2(k_t, k_{t+1}, m_t),$$

と書け，$c_{1,t}, c_{2,t+1}$ とも，k_t, k_{t+1}, m_t の関数である[33]．

ここで，k_t と k_{t+1}，加えて m_t との関係をみてみると，

$$k_{t+1} = \frac{s_t}{1+n}$$

$$= \frac{s[w_t, r_{t+1}, E_{t+1}]}{1+n}$$

$$= \frac{s[w(k_t), r(k_{t+1}), e(k_t, m_t)]}{1+n},$$

と書ける．次に，Galor and Ryder (1989) と同様に，t 期の資本 k_t（とメンテナンス m_t）から，$t+1$ 期の資本 k_{t+1} が決定する条件，すなわち，$k_{t+1} = \phi(k_t, m_t)$ となる貯蓄関数 s の条件を求める．すると，Galor and Ryder (1989) における均衡配分が資本 k_t の列で表現できたのに対し，この経済の配分はすべて k_t と m_t の列として表現できる．したがって，Galor and Ryder (1989) と同じく，定常均衡を定義し，それが一意に存在する条件を調べればよいということになる．

3.1.2 ゲームについて

本稿においては，各経済主体は他者の行動を考慮した戦略的な行動は取らないものと仮定して議論を進めてきた．しかしながら，環境質（汚染）が公共財的な性格を有していることも踏まえると，他者の行動を考慮し，自身の供給するメンテナンスを変えることは，ごく自然であるといえる．地球温暖化問題なども他人のメンテナンスにフリーラ

---

[33] ここでは，Galor and Ryder (1989) に倣い，人口変動がある形での定式化を行った．本文中の形に合わせるなら，$n=0$ とすればよい．

イドした例といえるだろう．そこで，以下では，そういったゲーム的な行動を想定した場合のモデルについて簡単に紹介する．

世代内のゲームについて

この経済において想定されるゲーム的状況は，大きく分けて2つ考えられる．世代内のゲームと，世代間のゲームである．まず，世代内のゲームについて述べる．

あるt期の経済を考える．そして，この経済に存在する消費者の人口を$L_t = n$として，各消費者を$i = 1, 2, \cdots, n$で識別するとする．したがって，第t世代の個人iの効用最大化問題を記述すると，

$$\max_{c_{1,t}^i, c_{2,t+1}^i, s_t^i, m_t^i, P_{t+1}} u(c_{1,t}^i) + \frac{1}{1+\theta} u(c_{2,t+1}^i),$$

s.t. $c_{1,t}^i + s_t^i + m_t^i \leq w_t,$

$c_{2,t+1}^i + h(P_{t+1}) \leq (1 + r_{t+1}) s_t^i,$

$P_{t+1} = (1-\alpha) P_t + \beta f(k_t) L_{t-1} - \gamma g(\sum_{i}^{n} m_t^i).$

のように書ける．各消費者が戦略的な行動を取っていなかった状況では，全員が同じように行動することを想定し，メンテナンスの影響は$\gamma g(m_t) n$としていたが，ここでは各消費者が行うメンテナンスの合計をメンテナンス関数の変数として取り扱う．

各消費者が，他の消費者のメンテナンス行動を考慮して自身のメンテナンス投資の量を決定していると仮定すると，メンテナンス関数m^iは

$$m_t^i = m^i(\sum_{j \neq i} m_t^j) = m^i(m_t^{-i}) = m(m_t^{-i})$$

と書ける．ただし，m_t^{-i}は第t世代の個人i以外の消費者によるメン

テナンスの合計を表すものとする．また，各消費者は同質であるとし，メンテナンス関数は同一とする．こうして，各消費者は他の消費者の行うメンテナンスも考慮した上で，自身の行動を決める．この問題最大化問題を解くことで得られる解が均衡で，この場合は Nash 均衡になる．

このメンテナンス関数 m についても仮定が必要である．すなわち，他の消費者の行動をみて，自身のメンテナンス量を増やすのか ($m' > 0$)，あるいは減らすのか ($m' < 0$)，扱う環境問題の種類によって様々考えられるが，仮定しておく必要がある．もし仮に，自分自身はメンテナンスを行わずに，他の消費者のメンテナンス行動にフリーライドするような選好をもつ消費者を想定するならば，この場合の Nash 均衡におけるメンテナンス量は，社会的に望ましい水準を下回るだろう．また，それとは反対に消費者が積極的にメンテナンスを行うような選好をもっていたとするならば，社会的に適切な水準を超えてメンテナンスがされる状態，いわば過剰メンテナンスの状態になると考えられる．

世代間のゲームについて

次に，世代間のゲームについて簡単に述べる．ここでは，利他的な消費者を仮定する．この利他的な消費者の効用 v_t は，自らの消費から直接得る効用 $u_t = u(c_{1,t}, c_{2,t+1})$ と次世代の得る総効用を割り引いたもの v_{t+1} からなるとする．すなわち，ρ を割引率とすると，

$$v_t = u(c_{1,t}, c_{2,t+1}) + \rho v_{t+1}$$

が第 t 世代の効用である．よって，第 t 世代の消費者は自ら直接得る u_t とともに，将来世代の効用を高めるインセンティブを持つ．

また，v_{t+1} を書き下してみると，$v_{t+1} = u(c_{1,t+1}, c_{2,t+2}) + \rho v_{t+2}$ と書ける．v_{t+2} 以降も同様に書き下すことができる．したがって，第 t 世代の総効用 v_t は入れ子状の構造をしており，第 $t+1$ 世代のみなら

ず，さらに将来世代の効用についても，順次割り引いた上で含まれている．したがって，第 t 世代は将来世代の行動を念頭に置きつつ，自らの総効用 v_t を最大化している．

第 t 世代の問題は，人口を $n=1$ に基準化したとすると，

$$\max_{c_{1,t},c_{2,t+1},s_t,m_t,P_{t+1}} u(c_{1,t},c_{2,t+1})+\rho v_{t+1},$$

$$\text{s.t.} \quad c_{1,t}+s_t+m_t \leq w_t,$$

$$c_{2,t+1}+h(P_{t+1}) \leq (1+r_{t+1}-\delta)s_t,$$

$$P_{t+1}=(1-\alpha)P_t+\beta f(k_t)-\gamma g(m_t),$$

と書ける．

このとき，Bellman の最適性原理[34] から，第 t 世代は t 期と $t+1$ 期の世代についてのみ考えればよいということになる．この経済においては，各世代とも将来世代に対しては影響を与えることができる．すなわち，第 t 世代が行動を変えると，それに応じて第 $t+1$ 世代のとる最適戦略も変わる．したがって，第 t 世代は自らの行動とそれに対する将来世代の対応を考慮に入れて，自らの取るべき行動（どれだけ消費するか，資本蓄積，あるいはメンテナンスとして次期に残すか）を決定する．この点において，消費者は世代間のゲームを行っていると解釈でき，消費者の最大化問題を解くことで，部分ゲーム完全均衡が得られる．ただし，第 t 世代の行動が第 $t+1$ 世代の行動に影響を与えることができるのに対して，その逆はなく，非対称的な状況である．

---

[34]Bellman's Principle of Optimality. これによって，無限期間の問題を 2 期間の問題に帰着できる．詳細はダイナミック・プログラミング (Dynamic Programming) についての教科書を参照．たとえば，Stokey and Lucas with Prescott (1989), あるいは Ljungqvist and Sargent (2012) など．

3.1.3 環境が消費者の寿命に与える影響について

もう一つ，環境汚染が経済に影響するモデルの例を挙げる．これも関連研究として，第1章で紹介すべきものであったが，モデルの発想が本稿と近いため，本論の後に参考として紹介する．それは，環境汚染が消費者，特に，老年世代の寿命 (longevity) の長さに対して影響する，というモデル化である．消費者の寿命がモデルで内生的に決定される文献は以前からあるが，特に，環境という要素を絡めたモデルとして，Jouvet, Pestieau and Ponthiere (2010)，あるいは，Mariani, Pérez-Barahona and Raffin (2010) などがある．ここでは，これらでどのような特徴を捉えてモデルを組み立てているのか，を簡単に紹介する．

Jouvet, Pestieau and Ponthiere (2010) について

彼らのモデルでは，汚染の発生源は企業による生産活動である．毎期，企業の生産 $F(K_t, L_t)$ に対し，η の割合で汚染 E_t[35] が発生する．t 期に発生した汚染 E_t と，前期からの残存分と合せて t 期の汚染のストック P_t を構成する．よって，P_t は

$$P_t = (1-\delta)P_{t-1} + E_t,$$

と書ける．

次に，消費者についてみていく．老年世代の消費者は環境汚染によりその寿命が影響を受けるが，それを h_t という関数で表す（Longevity function，寿命関数と名付けられている）．これは，$0 < h_t < 1$ である関数で，

$$h_{t+1} = h(x_t, P_{t+1})$$

---

[35] 本書の記述の仕方からすると，汚染に対しては E_t ではなく，P_t を使用すべきであるが，蓄積した汚染に対して P_t という文字を使用している．やや紛らわしいが，ここでは彼らの論文の表記に従うことにする．

と書ける．ここで，x_t は健康に対して支払った費用である[36]．本書の回避費用，あるいは Gutiérrez (2008) の健康費用は，そのときの環境水準に応じて自動的に支払わなければならない費用としていたが，彼らの論文では消費者が能動的に決めることのできる費用としている．この定式化では，若年期にどれだけ健康への投資を行ったかによって，老年期の寿命が変わってくるという状況を想定している．h については，$h_x > 0, h_{xx} < 0, h_P < 0, h_{PP} > 0$ を仮定し，健康費用の支払いにより寿命が改善すること，また，汚染の増加により寿命が悪影響を受けることを想定している．

この経済の消費者は若年期，老年期それぞれにおいて，消費と土地，空間の利用から効用を得る，とする．すなわち，

$$U(c_t, q_t) + h(x_t, P_{t+1})U(d_{t+1}, q_{t+1})$$

をこの消費者の効用関数とする．c_t, d_{t+1} は，それぞれ若年期，老年期の消費を表す．寿命関数 $h(x_t, P_{t+1})$ により，老年期の長さが変化し，それにより，老年期に得られる効用も変動する．また，効用関数に含まれる q_t, q_{t+1} は土地，あるいは空間の広さを表す変数で，

$$q_t = \frac{\bar{Q}}{N(1 + h(x_{t-1}, P_t))}$$

で表す．$\bar{Q}$ は利用可能な土地の総量，N は人口とする．したがって，q_t は消費者一人当たりに利用可能な土地の量[37]，ということになる．健康

---

[36] ここでいう健康費用は本書の文脈におけるメンテナンスに相当している．すなわち，若年期に行う投資が将来時点において自らの健康，ここでいう寿命に効いてくる，という形である．しかし，本書におけるメンテナンスが環境の改善という公共財供給に類する行動であったのに対し，ここでは自らの寿命に対してのみ影響し，他の消費者への影響はない点，本書と異なっている．

[37] 一人当たりに利用可能な土地の量が効用に影響を与えるという点にやや違和感を覚えるが，彼らのモデルでは，環境汚染として，大気や水質，土地の利用といったものを想定しているようである．そのため，混雑という要素が重要な役割を果たしていると考えられる．

費用を多く支払うと，健康状態が改善，老年期の寿命が長くなる．すると，それは人口の減少が鈍くなり，一人当たりに使用可能な土地の量が減り，それは効用の低下につながる．消費者は若年期には労働して賃金 w_t を得る．それを元に，消費 c_t と次期のための貯蓄 s_t，健康費用の支払い x_t を行う．老年期には，若年期の貯蓄の払い戻し $R_{t+1}s_t$ から消費を行う．これが基本的なモデルである．

Jouvet, Pestieau and Ponthiere (2010) では，社会的最適状態を社会計画者の問題の解として定義し，それを競争均衡で定義するために 2 種類の税と補助金を消費者に課し，分析を行っている．その場合の，消費者の効用最大化問題は

$$\max_{c_t, d_{t+1}, s_t, x_t, q_{t+1}} U(c_t, q_t) + h(x_t, P_{t+1})U(d_{t+1}, q_{t+1}),$$

$$\text{s.t.} \quad c_t + s_t + (1+\xi)x_t \leq w_t + a,$$

$$h(x_t, P_{t+1})d_{t+1} \leq (R_{t+1} - \tau)s_t,$$

$$P_{t+1} = (1-\delta)P_t + E_t,$$

と書ける．

消費者の予算制約中の ξ，τ が税で，健康費用および利子収入に対して課税されている．また，若年世代には a という補助金が与えられている．この経済では，汚染水準は企業の生産によって決まるため，消費者には制御できない．消費者は，自らの消費を調整し，寿命関数（に含まれる x_t）を操作，老年期における人口密度を動かすことで，利用可能な土地 q_{t+1} を動かし，効用最大化を行っている．

Mariani, Pérez-Barahona and Raffin (2010) について

Jouvet らと同じく，環境汚染が消費者の寿命に対して影響を与えるという形のモデル化を行っている文献に Mariani, Pérez-Barahona and

Raffin (2010) がある．以下，彼らのモデルを紹介する．

　Mariani, Pérez-Barahona and Raffin (2010) では離散時間の世代重複モデルを扱っている．ただし，本稿や Jouvet らによるものとは異なり，消費者は3期間（幼年，成年，老年期の3期間）活動するものとしている[38]．この3期間の内，最初の2期，幼年期，成年期は全消費者が経済に参加する．ただし，最終の老年期については，確率 π_t で（survival probability, 生存確率と呼んでいる）活動できるものとしている．また，人口の変動は考えず，各世代の人口は1に基準化し，同質的な消費者であると仮定している．

　消費者は成年期の消費 c_t と老年期の環境 E_{t+1} から効用を得るとする．ただし，ここでは環境 E_t は正の効用をもたらす環境質を表している．消費者が最大化する効用関数は

$$U_t(c_t, E_{t+1}) = \ln c_t + \pi_t \gamma \ln E_{t+1},$$

を仮定する．γ は将来の環境質から得られる効用に対する重み付け，ここでは $\pi_t \gamma$ で実質的に消費者の時間選好率を表している．

　成年世代の消費者の予算制約は

$$c_t + m_t \leq w_t$$

で表され，成年期の消費 c_t と，次期（すなわち老年期）のための環境メンテナンス m_t とに分配している．ただし，ここでは所得 w_t は外生的に与えられるとしている[39]．

---

　[38] 個人的には，3期間にした効果はほとんどないように思う．というのは，彼らのモデルでは幼年期の消費者が主体的に何らかの役割を果たすような状況は想定されておらず，最終の老年期まで生存できなかったときに，1期間だけ活動する消費者が出てこない，という程度の意味しか果たしておらず，通常の2期間のモデルでも同様の結論は得られるように思う．

　[39] 後半の人的資本をモデルに導入する段階で，所得もそれに応じて変動する状況を考えている．

環境質の動学式は John and Pecchenino (1994) 型の

$$E_{t+1} = (1-\eta)E_t + \sigma m_t - \beta c_t - \gamma Q_t,$$

を採用する．すなわち，$\beta, \gamma, \sigma > 0$ および $0 < \eta < 1$ はパラメータで，$t+1$ 期の環境質は前期かから維持される分と，メンテナンスによる改善分，消費により悪化する分，そして，外生的に定まる Q_t（正の場合は環境の悪化，負の場合は環境質の改善）により定まる[40]．

このような制約の下，最大化問題を解き，最適な消費，メンテナンス計画を求めている．そこで得られた c_t, m_t は t 期の経済の状況 E_t, w_t, Q_t 等によっている．これらを環境の動学式に代入することで，E_{t+1} は E_t と生存確率 π_t の式として記述できる．また，生存確率 π_t について，その期の環境質 E_t に依存し，$\pi_t = \pi(E_t)$ と表し，$\pi' > 0$，かつ $0 < \underline{\pi} < \pi(E_t) < \overline{\pi} < 1$ とする[41]．すると，環境質の動学式は $E_{t+1} =: \phi(E_t)$ として，前期の環境質にのみ依存する形に書き直すことができる．注意すべきは，このような定式化の下で，第 t 世代の成年世代が環境メンテナンスを行ったとしても，その効果は E_{t+1} 期に現れ，したがって，彼らの行動は将来世代の生存確率に対して影響はしても，彼ら自身の生存確率 π_t に対しては何ら影響しない，という点である[42]．

この経済における定常均衡は $E = \phi(E)$ となる点である．$\phi(E)$ の形状により，均衡の性質が決まる．たとえば，$\phi'(E) < (>)1$ のとき，安定な（不安定な）均衡となる．また，$\phi(E)$ が凸の部分と凹の部分とを

---

[40] 環境の動学式中に含まれる Q_t は環境に有害な，あるいは有益な様々な活動を表すとしているが，経済の中で内生的に決定するものではなく，特に必要ないと思われる．また，実際論文中でも一定と仮定しており，外したとしても結論に大きな影響は与えていない．

[41] 厳密には，$\lim_{E_t \to 0} \pi(E_t) = \underline{\pi}$，かつ $\lim_{E_t \to \infty} \pi(E_t) = \overline{\pi}$ とする．

[42] もちろん環境改善により，老年期の効用が増える，という効果はある．ただし，そもそも老年期において生存しているかどうか，という点は前期の環境質，あるいは前期の消費者のメンテナンス行動により決まるので，第 t 世代の消費者にとっては外生的な問題であることは変わらない．

持つような形状[43] をしていたとすると，複数均衡の状況などもあり得る．具体的には，

$$\pi(E_t) = \begin{cases} \underline{\pi} & \text{if } E_t < \tilde{E}, \\ \overline{\pi} & \text{if } E_t \geq \tilde{E} \end{cases}$$

のように特定化し，分析を行っている．すなわち，環境には，ある閾値 $\tilde{E}$ が存在し，それを上回るか，あるいは下回るかによって，生存確率に差がある，という状況を想定している．このような設定の下で，均衡として達成される環境水準を計算すると，E_L^* と E_H^* ($E_L^* < \tilde{E} < E_H^*$) という 2 つの安定な定常状態が存在することが確認される．したがって，初期の環境水準が閾値よりも高い経済は，高い環境水準（および生存確率）を実現できる一方で，初期の環境水準が低い経済は，環境水準が低い状態を均衡として実現する，貧困の罠が生じていることがわかる．

さらに，この論文では，消費財に対する税と補助金により最適状態，すなわち黄金律水準（本文中では The green golden rule と呼んでいる）を達成することを考えている．その際，低水準の均衡 E_L^* と黄金律水準 E^g とに十分な差があるかどうかによって，黄金律水準も一意に定まるときと二つ存在するときがあることを確認している．

また，後半では，これに加えて，人的資本をモデルに導入している．これにより，蓄積する資本が二つに増えるとともに，消費者の賃金収入が変動するような形でモデルを拡張し，分析を行っている．

---

[43] たとえば，ロジスティック関数，$y = \dfrac{a}{1+E^{-bx}}$ などはこれに相当する．

第 3 章　いくつかの議論とまとめ

3.2　全体のまとめ

　本書では，世代重複モデルに，環境という外部性をもたらす要素を加えた場合の理論分析をみてきた．特に，環境汚染に伴い，それに対処するための回避費用の支払いを消費者に強いるという，予算制約を通じて経済に影響するモデルを中心に扱ってきた．この経済では，消費者は若年期の消費と，老年期の消費および回避費用の支払いとを考慮し，自身の効用の最大化を図る．

　その上で，社会計画者の問題の解を，社会的に最適な状態，黄金律配分として定義した．そして，それを競争均衡として実現するため，2種類の税体系を考え，それを具体的に求めた．ここでは異なる税体系をが，消費者が負担する税額自体はどちらの税でも同じであった．また，汚染の発生源である企業に対してではなく，消費者に課税することでも最適状態を達成することができた．これらの結果は政策決定の面で示唆的であると考えられる．本書の具体例では，単純な関数形を想定して計算をしたが，そこから得られた税率，および配分はかなり複雑な形になっており，パラメータの変動の影響を強く受けることが予想される．

　また，同じく世代重複モデルと環境との関わりを分析した文献について，本書とは異なった形のモデル化についても，代表的な文献をいくつか参照した．特に，関連研究については，それらの文献中で用いられているモデルの紹介と，主にどういった結論が得られているかの簡単な紹介にとどめ，詳細な内容には踏み込まずにおいた．取り扱う環境問題の種類により，どのような経路を通じて経済に影響を及ぼすかは異なり，当然その定式化も文献によって細かい部分で調整がなされている．したがって，どのような問題を分析するのかに応じて，どのような定式化のモデルを採用するかを決めればよいだろう．

おわりに

　本書では，主として環境が回避費用の支払いとして，すなわち消費者の予算制約を通じて経済に関わっている，という形で定式化し，分析を行った．ここでは，Gutiérrez (2008) の修正，あるいは拡張という問題意識のもと，一定の結論を得たが，これは最終的な結論を得たというよりも，様々な分析を行っていく際にベースとなるモデルを構築したという方が近いだろう．その意味では，本書は今後の研究へ向けての中間報告といった意味合いが強い．

　たとえば，今後の研究の方向性の段でも記したように，ここで紹介してきた多くのモデルにおいては，消費者はみな他者の行動を考慮し戦略的に行動するような状況は排除して分析を行ってきた．しかしながら，より現実の経済に近づける，という意味ではゲーム的な状況も含めた形のモデル化をしていく必要があるだろう．

　また，一般的な理論分析はもちろんだが，より具体的な問題に特化し，モデルを精緻化していくことも必要だろう．そうすることで，焦点がより明確化するのは勿論，実証的な分析を行っていくことも可能になるだろう．本書ではモデルに不確実性は入れなかったが，地球温暖化問題をはじめ，現実的には環境水準の決定はかなり複雑になっていると考えられる．その意味では，関連研究として紹介した Mariani, Pérez-Barahona and Raffin (2010) のように，確率的な経済を想定し，不確実性をも含めた形で定式化，分析していく必要もあるだろう．

参考文献

[1] Blanchard, O. J., Fischer, S., 1989, *Lectures on macroeconomics*, The MIT Press.

[2] de la Croix, D., Michel, P., 2002, *A theory of economic growth. Dynamics and policy in overlapping generations*, Cambridge University Press.

[3] Diamond, P. A., 1965, "National debt in a neoclassical growth model," *The American Economic Review*, 55(5): 1126–1150.

[4] Galor, O., Ryder, H., 1989, "Existence, uniqueness, and stability of equilibrium in an overlapping-generations model with productive capital," *Journal of Economic Theory*, 49(2), 360–375.

[5] Gutiérrez, M.-J., 2008, "Dynamic inefficiency in an overlapping generations economy with pollution and health costs," *Journal of Public Economic Theory*, 10(4): 563–594.

[6] John, A., Pecchenino, R., 1994, "An overlapping generations model of growth and the environment," *Economic Journal*, 104: 1393–1410.

[7] John, A., Pecchenino, R., Schimmelpfennig, D., Schreft, S., 1995, "Short-lived agents and the long-lived environment," *Journal of Public Econoics*, 58: 127–141.

[8] Jouvet, P.-A., Michel, P., Vidal, J.-P., 2000, "Intergenerational altruism and the environment," *Scandinavian Journal of Economics*, 102(1): 135–150.

[9] Jouvet, P.-A., Michel, P., Rotillon, G., 2005, "Optimal growth with pollution: how to use pollution permits?" *Journal of Economic Dynamics & Control*, 29: 1597–1609.

[10] Jouvet, P.-A., Pestieau, P., Ponthiere, G., 2010, "Longevity and

environmental quality in an OLG model," *Journal of Economics*, 100: 191–216.
- [11] Konishi, H., Perrera-Tallo, F., 1997, "Existence of steady-state equilibrium in an overlapping-generations model with production," *Economic Theory*, 9: 529–537.
- [12] Ljungqvist, L., Sargent, T. J., 2012, *Recursive Macroeconomic Theory, (3rd edition)*, The MIT Press.
- [13] Mariani, F., Pérez-Barahona, A., Raffin N., 2010, "Life expectancy and the environment," *Journal of Economic Dynamics & Control*, 34: 798–815.
- [14] Michel, P., Rotillon, G., 1995, "Disutility of pollution and endogenous growth," *Environmental and Resource Economics*, 6(3): 279–300.
- [15] Michel, P., Thibault, E., Vidal, J.-P., 2004, "Intergenerational altruism and neoclassical growth models," Working Paper Series No. 386, European Central Bank.
- [16] Ono, T., 1996, "Optimal tax schemes and the environmental externality," *Economics Letters*, 53: 283–289.
- [17] Ono, T., 2002, "The effects of emission permits on growth and the environment," *Environmental and Resource Economics*, 21: 75–87.
- [18] Samuelson, P. A., 1958, "An exact consumption-loan model of interest with or without the social contrivance of money," *Journal of Political Economy*, 66: 467–482.
- [19] Stokey, N. L., Lucas Jr., R. E., with Prescott, E. C., 1989, *Recursive Methods in Economic Dynamics*, Harvard University Press.
- [20] 小黒一正，島澤諭，2011，『Matlab によるマクロ経済モデル入門 少子高齢化経済分析の世代重複モデルアプローチ』日本評論社．
- [21] 斎藤誠，岩本康志，太田聰一，柴田章久，2010，『マクロ経済学』有斐閣．

[22] 塩澤修平, 檀原浩志, 大滝英生, 2011,「重複世代経済における経済成長および環境保全」三田学会雑誌, 103 巻 4 号, 647(79)–661(93).

[23] 二神孝一, 2012,『動学マクロ経済学 成長理論の発展』日本評論社.

著者紹介

檀原浩志

- 2007年　慶應義塾大学経済学部卒業
- 2009年　慶應義塾大学大学院経済学研究科修士課程修了
- 現在　　慶應義塾大学大学院経済学研究科博士課程在学中
- 元・三菱経済研究所研究員

世代重複モデルによる環境問題の経済分析

2015年3月5日印刷
2015年3月10日発行

定価　本体1,300円＋税

著　者	檀原　浩志（ダンバラ　ヒロシ）
発行所	公益財団法人　三菱経済研究所 東京都文京区湯島 4-10-14 〒113-0034 電話 (03)5802-8670
印刷所	株式会社　国際文献社 東京都新宿区高田馬場 3-8-8 〒169-0075 電話 (03)3362-9741 ～ 4

ISBN 978-4-943852-53-7